多様体とは何か

空間と次元から学ぶ現代科学の基礎概念

小笠英志　著

ブルーバックス

装幀／芦澤泰偉・児崎雅淑
カバーイラスト／大久保ナオ登
本文デザイン／齋藤ひさの
本文図版／長澤貴之・さくら工芸社

はじめに

　中学数学、高校数学を学ぶのに平面を知っていることが絶対に必要なのはご存じでしょう。ところで、ここで空間という言葉を、我々の住んでいる「たて、よこ、高さで点の位置が決まる空間」の意味で使うことにします。中学数学、高校数学の多くは平面や空間の上で繰り広げられています。

　一方、現代数学、現代物理の多くは、多様体という一種の図形を舞台に繰り広げられます。現代数学、現代物理を学ぼうと思えば、多様体の理解が絶対に必須です。

　多様体は、現代数学、現代物理の入門書を読んでいると登場します。今まで、こんなことはありませんでしたか。入門書を読み進め、いざ多様体という言葉が登場し、みなさんが「何か大事そうな概念だな、すごいことを体験できそうだな」と感じたところ、もうその本の最後のほうであって、多様体についての説明はほとんどなかったということは。みなさんなら、もう一歩踏み込んで、多様体について知りたいと思ったことでしょう。

　多様体がどのようなものか知りたいという人は、結構多くいます。非常によい興味の持ち方です。多様体を知りたいという欲を持った人は、現代数学や現代物理を理解する潜在的能力があると言えます。今、この本を開いているみなさんも、多様体とはどんなものか知りたいと思っていますよね。

　多様体という図形には、1次元や2次元のものをはじめ、3次元や4次元、5次元と、すべての次元のものがあります。

みなさんなら、このような話を聞けば、ますます、いつもよりひとつ高いレベルの世界に入って、多様体というものを体感してみたいと思うことでしょう。

　本書では、多様体の説明を、「多様体に触れるのは初めてという人」のレベルから始めます。今、本書を開いているみなさんなら、余裕で理解できますので、頑張ってください。

　本文で順番に説明しますが、多様体というものは実は案外、「日常の暮らしの中で人間が無意識に自動的に考えているもの」と同等なものであったりします。また自然界を考える際に、当然のように現れるものです。多様体について学べば、日常を離れて高次元に挑むという興奮も味わえますが、前述の通り、そもそも多様体というのは、意外に日常生活で普段生じる感覚に根ざすものなのです。このあたりのことは、本文で、もう少し多様体に関する数学の言葉を導入しないと詳しくは説明できませんので、本文にお進みください。

　多様体は図形の一種で、正確な定義があります。その定義を述べる前に、いくつか例を挙げることにします。その後、その例を踏まえて多様体の定義を説明します。

　本書は「専門書を読み出す前の読者」や「将来、専門書は読まないかもしれないけど大体の感じをわかりたいという読者」のための入門書です。そのため、説明が直感的で、"気持ち重視"になっているところもあります。専門書に書いてある厳密な定義をいきなり述べると、初心者の場合、何を言われているのか、かえってわからないことがあるので、このような説明の仕方をすることにしました。

　では、本文に進んでください。さあ、「多様体」が幻視できるか挑んでください。

もくじ

我々の宇宙は「3次元空間」か？
──「多様体」の導入
___13

PART**2**

3次元空間$\mathbb{R}^3$でも3次元球面S^3でもない
3次元多様体
——日常にひそむ多様体
___87

多様体を高次元にすると……？
――その性質はどうなるか
___141

自然界を探究するのに
多様体が必要不可欠な理由
——物理における多様体
___169

ポアンカレ予想は
まだ解けていない!?
____181

PART 6

複素数と複素多様体
___229

結び目・絡み目と
高次元部分多様体
____241

PART 1

我々の宇宙は
「３次元空間」か？
──「多様体」の導入

1

我々の宇宙：
3次元空間と3次元球面

　ここ Part1 では、多様体とはどのようなものか紹介しますが、まずは例から始めましょう。

　大昔の原始人は自分のまわりの大地を見て、大地は無限に広い平面だと考えたかもしれません。ものごころがついたばかりの幼児もそう思っているかもしれません。ところが、我々の大地は球面（球面でよく近似できるもの）でした。

　さて、我々の住んでいるこの宇宙について考えてみましょう。我々のまわりを見ると、「たて、よこ、高さで点の位置が決まる空間」とみなせます。「たて、よこ、高さで点の位置が決まる空間」というのは、座標軸、x軸、y軸、z軸をとることができる空間です。中学や高校の数学で"空間"と呼んでいたものです。

　ここで少し用語を用意しましょう。上記の空間、つまり座標軸、x軸、y軸、z軸をとることができる空間を、今後、3次元空間と呼びます。3次元の3というのは、x, y, z座標のように、お互いに関係のない3個の座標で空間内の点の位置が決まることに由来します。中学、高校で学んだ空間座標の話です。同じように、平面のことを2次元空間と呼びます。2

次元の2は、x, y座標のように、お互い関係のない2個の座標で、平面内の点の位置が決まることに由来します（「平面内の点」「平面上の点」「平面に含まれる点」は同じ意味です。「上」と「内」と「含まれる」が同じ意味というのは不思議な感じがするかもしれませんが、言葉の綾ですのでお気になさらぬように）。

さらに、直線は1次元空間と呼びます。x座標のように1個の座標で、直線上の点の位置が決まることに由来します（「直線内の点」「直線上の点」「直線に含まれる点」は同じ意味です。「直線内の点」は滅多に使わないようですが）。

3次元空間といった場合は、どの方向にも無限に空間が広がっていることとします。言葉の語呂のよさで、「無限に広い3次元空間」という言い回しを使うこともあります（形容詞の使い方として間違っているわけではないですので）。

宇宙空間を考えるとして、我々個人個人のまわりを見てみましょう。そこは3次元空間のxyz座標系を考えるときの原

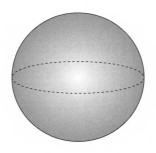

図1.1　球体をとる。中身は詰まっているとする。境界の球面はないとする。これを開球体という。境界のあるものは閉球体という

点のあたりとみなせそうです。xyz座標系をとったときの原点のあたりを、さしあたり、小さな3次元空間と呼びましょう。我々個人個人のまわりだけでなく、地球のまわりも小さな3次元空間とみなせそうです。

　もう少し詳しく説明します。

　まずは球体をとります。中身は詰まっていますが、境界の球面はないものとします。これを開球体といいます。一方、境界のあるものは閉球体といいます（図1.1）。

　先に、小さな3次元空間と呼んだのは、開球体のことでした（あるいは、そうなのだ、とします。今のところ、小さい3次元空間の“端”とか“角”のあたりは開球体になるようにしたんだ、と思ってください）。

　地球周辺で、どこでもいいので1点を見ましょう。するとその点のまわりは、その点を中心とした小さい開球体になっているとみなせますね。もっと広く、太陽系や銀河系、となりの銀河まで広げて考えても、そのような性質をもちそうです。

　すなわち、このような性質がありそうです。この銀河系で、どこでもいいので1点をとります。するとその点のまわりは、その点を中心とした小さい開球体になっているとみなせそうです。大雑把にとなりの銀河くらいまで広げて考えても、そのあたりでどこか好きな点を1個とると、その場所のまわりは開球体とみなせそうです。

　そうすると、宇宙全体が無限に広い3次元空間だと思う人がいるかもしれません。宇宙のどの点を考えても、次の性質がありそうです。その点のまわりは、その点を中心とした小

さい開球体になっているとみなせます。さらに、どの点からどのような曲線を伸ばしても"宇宙から"飛び出ないような気がします。それが、自然であると思うでしょう。ならば、宇宙全体が無限に広い3次元空間だろう、と考える人もいるでしょう。では、可能性は本当にそれだけでしょうか？

　実は、他にもあります。

　宇宙が、どの点を考えても、その点のまわりは、その点を中心とした小さい開球体になっているとみなせて、どの点からどのような曲線を伸ばしても飛び出ないようなものだと仮定しましょう。このとき、無限に広い3次元空間以外に、たとえば以下のような解もありうるのです。

　その説明の前に、より次元の低い例を説明します。上記の解というのは、そこからの類推で得たものともいえます。

　まずは平面に円板をとります。中身はあるとします。境界がないものを開円板、境界があるものを閉円板といいます。

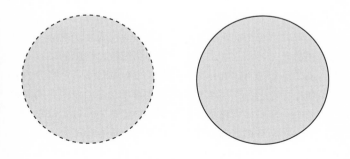

図1.2　左が開円板、右が閉円板

これらは中学や高校でも出てきていたかもしれません（図1.2）。

　球面は、どの点をとってもその点のまわりは、その点を中心とした小さい開円板になっているとみなせます（小さいので曲がっているのは気にならない、あるいは、そういう仮定の下での話をしています）。球面の中で線を伸ばしても、はみ出ません。地上を歩いていっても、地球からはみ出ない、場合によっては1周して戻ってくることもある、ということをいっています。地球から飛び出て宇宙空間に行ってしまうことは考えません。

　また、球面は、図1.3のように、2枚の平面を少し変形して丸めたものを貼り合わせたものと考えることができます。この平面円板を曲げてできた曲面上の人たちが、「どんどん歩いていく」といった場合、曲面に沿って動いていくことを意味します（という仮定の話をしています）。「曲面の上を歩く」「曲面に沿って歩く」というのは、曲面に接触した状態で歩いていくという意味、また、「曲面から飛び出ずに」という意味です。言葉の綾ですのでお気になさらないように。

　このような言い方もできます。片方の閉円板にいた人が、知らぬ間に、その閉円板ともう一方の閉円板とが重なっている円周のところに来て、もう一方の閉円板に自動的に移ることもある。その人にとって、自分のまわりはずっと自分の立ち位置を中心とした小さな開円板とみなせるのです。円周のところも、実際には境界の円周が描いてあるわけではないので、ずっと自分のまわりは自分の立ち位置を中心とした小さな開円板と思っているのです。だから、自分は1枚の大きな平面にいると思っている。だけど実は全体は球面だったとい

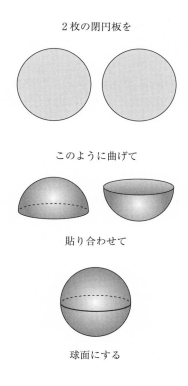

2枚の閉円板を

このように曲げて

貼り合わせて

球面にする

図1.3　2枚の閉円板を曲げて境界で貼り合わせて球面を作る

うことになります。

　さて、この話より1つ次元が上のことを類推して、予告した上述の一解を説明しましょう。

　3次元空間の中に中身の詰まった球をとります。境界のないものを開球体、境界のあるものを閉球体というのでした（図1.4）。

　先ほどの話（1つ低い次元、2次元での類推）の中には、
「閉円板2個をそれぞれの境界の円周でぴったり貼り合わせる（図1.3）」
という操作があり、この操作が重要でした。この操作によって、球面という一解が得られました。上記の「　」内でしたことの1つ次元を上げたことを本当にできるかどうかを気にせずに、とりあえず言ってみましょう。
「閉球体2個をそれぞれの境界の球面でぴったり貼り合わせる（境界のみぴったり貼り合わす。境界同士はすべてぴった

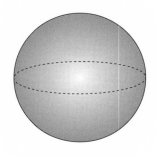

図1.4　境界がないものは開球体、境界があるものは閉球体

り。中身は相手とふれあわない）」
ですね。

　これが、実はできます。それを今から説明します。そして、そうやって得られたものが、前述した問への一解です。

　図1.5のような"操作"が本当にできるということです。

　2個の閉球体を気合で貼り合わせるとは、図1.6のような"気持ち"です。念じて幻視してください。今から、もう少し詳しく説明しますが、まずは、図1.6をぼぅっと空想するところから始めてください。

　図1.6の下の図はこのような性質をもちます。片方の閉球体の中を進んでいくと、球面を越えてもう片方の閉球体に移ります（図1.7）。上記の球面の場合の説明から類推してくだ

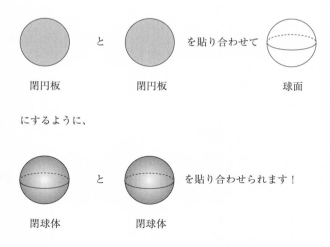

図1.5　閉球体2個をそれぞれの境界の球面でぴったり貼り合わせる

2個の閉球体をとる。境界はともに球面なので
境界同士で貼り合わせる

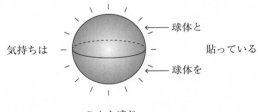

球体と
気持ちは

貼っている

球体を

こんな感じ
幻視してください

図1.6　2個の閉球体を気合で貼り合わせるとは、こんな"気持ち"。幻視
なされよ。この後でもう少し詳しく説明するので、まずは空想から入って
いただきたい

さい。

　たしかに、みなさんの頭の中では、閉球体2個が境界同士
でぴったり貼れていて、しかも境界だけで貼れていますね。
しかし、これは3次元空間の中ではできません。されど、数
学的に正しいことです。本書で、今から順々に話していきま
す。

　球面の場合からの類推で3次元球面という名がついていま
す。これを3次元球面というので、今まで球面といっていた

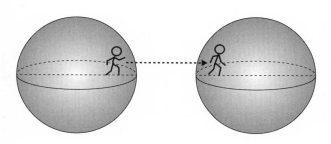

3次元球面

境界の球面同士は実は重なっている。
片方からもう一方へ、乗り移れる感じ

図1.7 境界の球面同士は実は重なっている。片方からもう一方へ乗り移れる

ものは2次元球面ともいいます。

　これだと、自分のまわりはいつも自分のいる位置を中心とした開球体とみなせます。言い換えると、部分的に見たら小さい3次元空間です。また、どの点から引き始めたどんな曲線でも、いくらでもこの図形（3次元球面）の中でどんどん伸ばすことができます。しかし3次元空間ではありません。大きさも無限ではなくて有限です。

　SF的な法螺話ですが、宇宙空間をどんどんまっすぐに宇宙船で進んだら、もといた場所に戻ってくるかもしれないというイメージです。

まずは、なんとなくでかまわないので、空想してください。雰囲気だけでもよいので、3次元球面というものが存在するような気がしてきましたか。確かに存在しますよ。次の章で、さらに詳しく説明します。

　さて、2次元球面は3次元空間の中に置けました。ここで、「宇宙が3次元球面としたら、2次元球面の場合からの類推で、3次元球面（ここでは宇宙のこと）はどこかの中に置けるのか？」と考えるかもしれません。

　まず、2次元球面の場合を復習しましょう。2次元球面上の人が上下を見ないで動いていれば、自分のまわりが大体平面のような感じだということ以外、普段は気にしないですね。2次元球面が3次元空間の中にあるかないかは気になりませんね。陸上や海上で平面方向の、たて、よこの移動だけを考えるとしましょう。つまり、高さ方向を考えないということです。そして2次元球面は曲がっているので、平面といっても少し曲がっていますが、自分のまわりの小さいところだけ見ていると普段はあまり気になりません。そのように、平面方向の移動を考えるには、2次元球面全体として3次元空間にあるということは考えなくても、まあ困らないですね。

　3次元球面の場合も、その中にいる我々は、自分のまわりがだいたい小さい3次元空間のような感じだということ以外は、普段は気にしないでいいのかもしれません。また宇宙の観測をするにしても、そのような3次元の中のことだけで話を進めていけます。その意味では、3次元球面全体がどこかの中にあるかどうかを思案する必要はありません。実際、3次元球面内の現象を考えるとき、そうした3次元ぶんだけの

情報を考えておけばじゅうぶん足りる、ということもあります。

　しかし、2次元球面が3次元空間内に置けるのなら、3次元球面は、3次元空間より1つ次元の高い4次元空間とでもいうものの中に置こうと思えば置けるのではないか、というのも自然な疑問でしょう。実際、そのようなことができます。そうやって、3次元空間より1つ次元の高い4次元空間に「置いて」3次元球面を想像した方が、イメージしやすい人も多いでしょう。また、その「置き方」を研究するのも大事なテーマなのです。次の章で説明します。

　さて、ここで、いったん、少し戻って次の問いを考えてください。

　問 1.1　大地のどの点でもその点を中心とした小さい開円板とみなせます。そういう性質があるとします。大地のどこでもよいから好きな点から始まる曲線で大地の上に描かれた曲線をすべて考えましょう。この曲線を大地の上で、どんどん伸ばしていきます。ずっと伸ばしていけるとしたら、大地はどんな図形でしょうか？（開円板は実は曲がっていてもよい、とします）

　無限に広い平面と球面の他にも解があるでしょうか。みなさんなら、他にも解があるのがたやすくわかるでしょう。図1.8のような図形も解です。

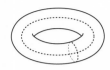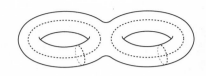

図1.8　左をトーラス、右をダブルトーラスという（どちらも中身はなくて境界のみ）

では、次の問いを考えてください。

問 1.2　我々の住んでいる宇宙のどの点でもその点を中心に小さい開球体とみなせるとします。どこでもよいから好きな点から始まる曲線であって、我々の住んでいる宇宙の中に描かれた曲線をすべて考えましょう。この曲線を我々の住んでいる宇宙の中で、どんどん伸ばしていきます。ずっと伸ばしていけるとしたら、我々の住んでいる宇宙はどんな図形でしょうか？（開球体は "曲がって" いてもよいものとします）

無限に広い3次元空間は解になります。上述の3次元球面も解です。では、解はそれだけでしょうか。他にもあるでしょうか？

実は、他にもあります。

その説明には多様体というものの定義をある程度きちんとした方がよろしいかと思います。次の章でします。

2

多様体とはどのようなものか

　本章では多様体というものの定義（の大体）を紹介します。定義とは約束とかそう決めるということです。たとえば、ご存じのとおり、正三角形の定義は「3辺の長さが等しい」です。定義という言葉は（遅くとも）高校の数学では（本質的には）使っています。

　ところで、世の中には定義のない言葉、無定義語、というものがあります。たとえば、点の定義はありません。仮に点は「大きさのない図形」だと定義しようとしたら、大きさとは何だ？　図形とは何だ？　となり、さらにその語の定義が必要になります。点を「平面上にある、平行でない2本の直線の交わりだ」と定義しようとしたら、平面や直線や平行や交わりを定義しないといけません。2とか2本も定義しないといけません。ある語を別のある語を使って定義すると、その語の定義をしなくてはならなくなりますから、結局のところ、数学用語には、このように無定義語というものがあります。

　無定義語があるのに、なぜ、今、こうやって私とあなたで議論ができているのかなどと、とくに不思議に思う必要はあ

りません。ここを読んでいる読者のみなさんなら、無定義語があるのは当然のことだというのは、今までの人生ですでに理解していたことでしょう。無定義語があるのに、なぜ、人間同士はコミュニケーションできるのか？ とか、点とは何か？ というような疑問は虚しい、青臭い疑問ですので、初心者の方は、そのような愚問にはまらないよう気をつけてください。そういうのは、小理屈をこねているだけです。

　もしもみなさんのまわりに、「無定義語があるのに、なぜ、人間同士はコミュニケーションできるのか？」など、その手の無意味な問いに頭を抱えて自己陶酔している人がいたら、そういうのは軽佻浮薄なことを言っているだけだよ、と教えてあげてください。

「そもそも、点とは何か」とか「はたして、時間とは何か」とか、「いったい、無とは何か」といった無価値な問いに頭を悩ますのではなくて、たとえば本書の後半で紹介するような、もっと有意義な問題を考えてください。

　本書では、この語は無定義語ですなどと、いちいち言わないこともあります。中学・高校で定義を習っている語は定義を復習せずに使うこともあります。

「正三角形とは何か」と問われれば、「3辺が等しい」と定義を答えればよいです。「点とは何か」と聞かれれば、「無定義語です」と言えばよいだけのことです。

　それでは、多様体を定義します。

▶0次元多様体

　0次元多様体とは、点何個かのことです。

▶1次元多様体

中学・高校程度の用語いくつかを復習します。直線に座標をとることができます。この座標をxなどで表します（図2.1）。

$$\longrightarrow x$$

図2.1　直線

直線を1次元空間$\mathbb{R}^1$といいます。名前の由来は実数（Real number）の座標が1個とれるからです。Real numberの最初のRと1個の1に由来します。座標をxでとります。a, bを、$a < b$であるようなどんな実数でもよいとします。

$a < x < b$

で表されるものを開区間といいます。

$a \leqq x \leqq b$

で表されるものを閉区間といいます（ちなみに、線分と閉区間は同じものです）。

1次元空間$\mathbb{R}^1$を$\mathbb{R}^1$、1次元空間$\mathbb{R}$、$\mathbb{R}$と書くこともあります。また、座標をxでとった1次元空間$\mathbb{R}$をx空間$\mathbb{R}$とかx空間$\mathbb{R}^1$と書くこともあります。

直線に含まれる1点をどれでもよいので注目しましょう。すると、その点のまわりは小さい開区間になっています。1次元多様体とは、図形であってその図形に含まれる点はどの点も、その点のまわりは開区間になっているものです。1次

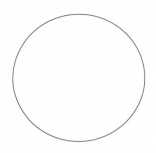

図2.2　円は連結1次元多様体

元空間 $\mathbb{R}^1$ は1次元多様体です。円も1次元多様体です。円の各点のまわりは曲がった開区間ですが、曲がっているのは気にしません。曲がりを伸ばせばまっすぐな開区間になると思って、今は先に進んでください。

開区間も、1次元多様体です。

ひとつらなりに繋がっている図形を連結な図形といいます。1個の円は連結1次元多様体です（図2.2）。連結1次元多様体は $\mathbb{R}$ と円だけしかないことが知られています。

楕円や正方形も曲げて変形していけば円になるので、円とみなします（そのような立場で今は進みます）。円と円周は大体の場合、同じ意味で使います。また、ここでは $\mathbb{R}$ と開区間1個は同じものという立場です。気持ちだけ言うと、開区間1個をぐぅんと、無限の長さに引っ張ったら $\mathbb{R}$ というイメージです（もう少し詳しいことを図19.9のあたりでいいます）。

話を少し戻って、連結0次元多様体は1個の点です。

▶2次元多様体

まず、中学・高校程度の用語いくつかを復習します。平面に座標をとることができます。この座標を (x, y) などで表します（図2.3）。

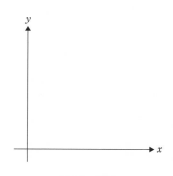

図2.3　平面

平面を2次元空間 $\mathbb{R}^2$ といいます。名前の由来は実数（Real number）の座標が2個とれるから、です。Real number の最初のRと2個の2からです。

座標を、たとえば (x, y) ととれましたね。座標を (x, y) でとった2次元空間 $\mathbb{R}^2$ を、xy 空間 $\mathbb{R}^2$ と書くこともあります。

r をどんな正の実数でもよいとします。半径 r の円周に囲まれる図形で境界を含まないものを開円板といいます。境界を含むものを閉円板といいます（図1.2）。中心は平面上のどこにあってもよいとします。

平面上のどの点でもよいから、その1点に注目すると、そ

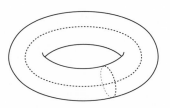

図2.4 トーラス

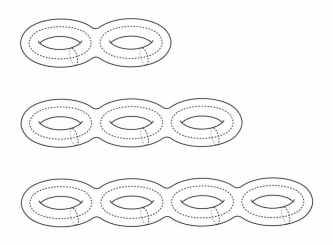

図2.5 2次元多様体のいくつか

の点のまわりは小さい開円板になっています。

2次元多様体とは、図形であって、その図形に含まれる点はどの点も、その点のまわりは開円板になっているものです。2次元空間$\mathbb{R}^2$は2次元多様体です。開円板そのものも、2次元多様体です。球面も2次元多様体です。球面の各点のまわりは曲がった開円板ですが、曲がっているのは気にしません。曲がりを伸ばせば、まったいらな開円板になると思って、今は、先に進んでください。

2次元多様体のことを曲面ともいいます。

図2.4を見てください。普通のドーナツを考えて、その表面だけを描いた絵だと思ってください。この図形にはトーラスという名前がついています。図1.8を思い出してください。

トーラスも2次元多様体です。トーラスの各点のまわりは、曲がった、小さい開円板になっているのはほぼ直感的に明らかでしょう。実際、これは、正しいことが知られています。ここでも、開円板が曲がっていますが気にしなくても大丈夫です。

図2.5を見てください。穴が2個とか3個開いたドーナツです。その表面だけを考えてください。図2.5の各図形は2次元多様体の例です。各図形の各点のまわりは、曲がった、小さい開円板になっているのはほぼ直感的に明らかでしょう。実際、これも正しいことが知られています。

3次元多様体

まず、中学・高校程度の用語いくつかを復習します。中学数学・高校数学で空間と呼んでいたものを用意しましょう。この空間の中の点の位置は、たて、よこ、高さで決定できま

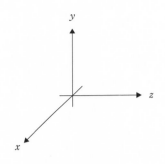

図2.6 空間

したね。つまり、この空間に座標をとることができます。この座標を、(x, y, z) などで表します（図2.6）。

　たて、よこ、高さで点の位置を決定できるこの空間を、3次元空間 $\mathbb{R}^3$ といいます。名前の由来は実数（Real number）の座標が3個とれるからです。Real number の最初のRと3個の3からです。座標を、たとえば (x, y, z) ととれましたね。座標を (x, y, z) でとった3次元空間 $\mathbb{R}^3$ を xyz 空間 $\mathbb{R}^3$ と書くこともあります。

　3次元空間 $\mathbb{R}^3$ のどの点でもよいからその1点に注目すると、その点のまわりは小さい開球体（図1.1、図1.4）になっています。

　3次元多様体とは、図形であって、その図形に含まれる点は、どの点も、その点のまわりは開球体になっているものです。

　3次元空間 $\mathbb{R}^3$ は3次元多様体です。開球体も3次元多様体です。前の章で少し触れた3次元球面も3次元多様体です。

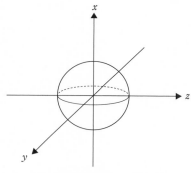

z 軸に垂直な平面での切り口

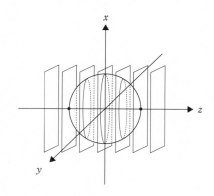

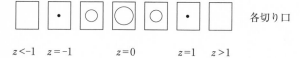

各切り口

$z < -1$　$z = -1$　　　$z = 0$　　　$z = 1$　$z > 1$

図 2.7　球面の切り口

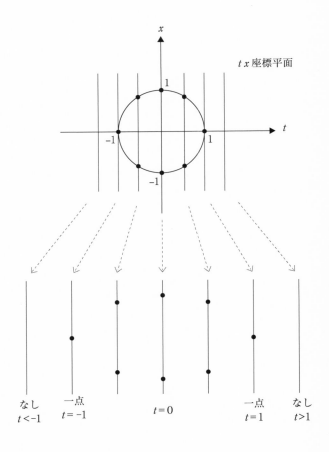

x

$t\,x$ 座標平面

1

−1　　　　　　　　1　　t

−1

なし　　一点　　　　　　　　　　一点　　なし
$t<-1$　　$t=-1$　　　　$t=0$　　　$t=1$　　$t>1$

図2.8　円周の切り口

他にもあるでしょうか。あります。本書でこれから説明します。

その前に、3次元球面というものについてもう少し説明しましょう。まず、低い次元の例を用いて類推します。

円周は2次元空間$\mathbb{R}^2$の中で、ある点からの距離が一定の点すべての集まりでした。

球面は3次元空間$\mathbb{R}^3$の中で、ある点からの距離が一定の点すべての集まりでした。

これらはみなさんなら、小学校のころから知っているでしょう。

さて、次のことを確認しましょう。

図2.7を見てください。$\mathbb{R}^3$の座標をx, y, zでとります。原点を中心に半径1の球をとります。z軸に垂直な平面で切っていきます。図2.7のように、z座標が-1より小さいところでは、球面の切り口は何もありません。そこからz座標が大きくなると、何もないところに点が現れて、それが円になり大きくなり小さくなり点になって、そしてなくなります。

もう1個次元の低い例も類推のため、やっておきましょう。図2.8を見てください。円周をtx座標平面に置いて、t軸に垂直な直線で切ったときの切り口を考えると、図2.8のようになります。座標をx, yととってもかまいません。今はt, xとしました。

3次元球面を説明する前にひとつ準備をします。

▶4次元空間$\mathbb{R}^4$

次のことを考えてください。

まっすぐな棒があったとしましょう。この棒の各点の温度

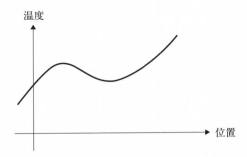

図2.9　棒の各点の温度のグラフ

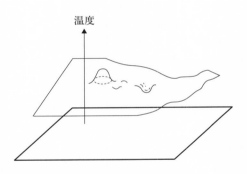

図2.10　板の各点の温度のグラフ

を測ります。各点の位置と温度の関係をグラフに描くとすると、グラフはどこに描くことになりますか。図2.9のように、2次元空間$\mathbb{R}^2$に描くことになりますね。

今度は、これを考えてください。

平らな板があったとしましょう。この板の各点の温度を測りましょう。

　各点の位置と温度の関係をグラフに描くとすると、グラフはどこに描くことになりますか。図2.10のように、3次元空間 $\mathbb{R}^3$ に描くことになりますね。

　さらに、このような場合はどうでしょうか。

　立方体の鉄の塊があったとします。もちろん中身まで詰まっています。

　この塊の各点の温度を測りましょう。各点の位置と温度の関係をグラフに描くとすると、グラフはどこに描くことになりますか。実数4個を並べたもの (x, y, z, w) をすべて集めたもので作った、なんだか不思議な空間に描くことになりますね。この空間を、4次元空間 $\mathbb{R}^4$ といいます。この例では、4個の実数は、たて、よこ、高さ、温度でしたが、単に実数4個でいいです。何を表しているとかはとくに気にせず、単に実数4個でいいということです。

　たて、よこ、高さの次の4番目の実数を時間とする例もよく登場しますが、いつも時間とは限りません。上の例では温度でした。

　平らな板の各点の位置と温度、時間の関係をグラフに描こうとしたら、これも $\mathbb{R}^4$ に描くことになりますね。

　さて、4次元空間 $\mathbb{R}^4$ が、(x, y, z, t) という4個の実数を並べたものすべての集まりだったとします（各実数はすべての実数を動くので、文字 (x, y, z, t) で与えています。ここで並べる順番は考えています。$(1, 2, 3, 4)$ と $(1, 3, 2, 4)$ は別のものだと考えます）。この4次元空間 $\mathbb{R}^4$ を $xyzt$ 空間 $\mathbb{R}^4$ ということもあります。各 (x, y, z, t) を $xyzt$ 空間 $\mathbb{R}^4$ の座標といいます。

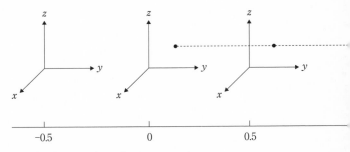

図2.11　t軸でxyzt空間$\mathbb{R}^4$を切っていった

　tが0のときの（x, y, z, t）のすべての集まりは何でしょうか。（x, y, z, 0）で、x, y, zがすべての実数をとるわけですから、それは、3次元空間$\mathbb{R}^3$です。

　tをある値に止めたときの、（x, y, z, t）のすべての集まりは何でしょうか。t以外のx, y, zがすべての実数をとるわけですから、これも3次元空間$\mathbb{R}^3$になります。tを時間とすれば、4次元空間$\mathbb{R}^4$は、$\mathbb{R}^3$を時間方向に流してできたものです。

　$\mathbb{R}^4$の中に、次のような図形があったとします。t = 0のときの3次元空間$\mathbb{R}^3$に1点が現れ、t = 1まで存在してそこで消えたとします。この図形は何でしょうか。

　tが一定のところの$\mathbb{R}^3$の図をいくつか取り出して、その$\mathbb{R}^3$の中で、この図形がどうみえるか（どういう切り口になるか）の、概念的な図を描けば、図2.11のようになります。点線はつながっているという気持ちを表しています。

　これは、線分ですね。ところで、x, y, zが0で、tだけ動い

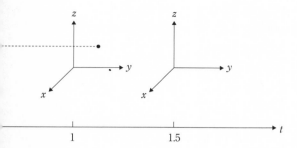

てできる直線を t 軸といいます。図 2.11 のように切り口を描くのを、t 軸に沿って切った図といいます。

　t 軸は $\mathbb{R}^4$ の中にあります。ですが図を描くときは、「t が流れていきますよ」という気持ちを表す軸のようなものを、図 2.11 のように "外" に添えることが多いです。

　これを t 軸方向ではなく、z 軸方向で切った図を描くと図

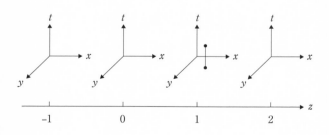

図 2.12　z 軸で xyzt 空間 $\mathbb{R}^4$ を切っていった
　　　　図 2.11 の 0 ≦ t ≦ 1 での点の z 座標は 1 だったとしている
　　　　t, x, y の軸の順は気にしなくてよいです

2.12のようになります。たしかに線分です。

この話は、中学や高校で学んだ軌跡の勉強の応用です。みなさんなら大丈夫ですね。

図2.11と図2.12、および、これらの関係が見える直観力があれば、本書で扱う高次元の図はすべて見えるでしょう。ぜひ、本書を読み終えてください。

このように4個の実数の組（4個の順番も考えている）を集めた空間を考えるというのは、温度や時間を上のように考えれば、ごく当然のように思いつくことです。人類は大昔からやっていました。みなさんは子供のころから、ごく普通にやっていましたよね。4次元空間 $\mathbb{R}^4$ は、だれが最初に言い出したかとか言えないくらいに、ごく普通のことなのです。

▌3次元球面　続き

さて、今、用意した4次元空間 $\mathbb{R}^4$ を用いて、3次元球面の説明を続けます。

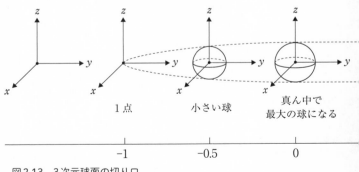

図2.13　3次元球面の切り口

　3次元球面は次のような図形です。

　3次元球面は4次元空間$\mathbb{R}^4$の中に以下のような性質をもつように置けます。

　4次元空間$\mathbb{R}^4$の座標をx, y, z, tでとります。tを時間と思いましょう。

　図2.13のように、時刻tが－1より小さいところでは、切り口は何もありません。時刻tが－1のときに、何もないところに点が現れて、それがその後2次元球面になって$t = 0$まで大きくなり、$t = 0$以降は小さくなり、時刻tが1のときに点になって、以降切り口はなくなります。

　図2.7や図2.8の次元を上げた例です。図2.7と図2.8から類推してイメージを頭の中に膨らませてください。

　3次元球面の各点のまわりは開球体になっているというのも、次元の低い例から想像できますね。図1.6、図1.7を思い出してください。また、このすぐ後に説明します。

　3次元球面は3次元多様体の例です。

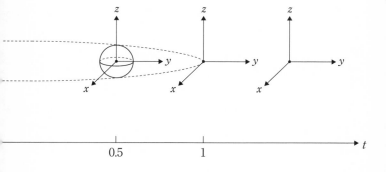

3次元球面を4次元空間$\mathbb{R}^4$の中に置きましたが、別に4次元空間$\mathbb{R}^4$の中に置かれていなくても3次元球面という図形だけを考えることもできます。というか、今、みなさんの頭の中でできていますね。3次元球面の中にいる人は、外に4次元空間$\mathbb{R}^4$があるかは気にならない、もしくは、わからないという考え方もできます。あるいは別の言い方をすれば、3次元球面全体が4次元空間$\mathbb{R}^4$の中にあるかは気にならない、もしくはわからないという考え方もできます。

　3次元球面のことを3次元球面S^3とか、単にS^3といいます。球面は英語でsphereなので頭文字のSと、3次元の3をとりました。

　これに呼応して、今まで単に球面と呼んでいたものを2次元球面、2次元球面S^2、S^2などとも呼びます。

　円周を円周S^1、1次元球面、S^1、1次元球面S^1などとも呼びます。

　さて、前章でも少し触れましたが、3次元球面S^3は閉球体2個を境界同士で貼り合わせたものとも思えます（図1.5、図1.6）。そのことを説明しましょう。

　これも、次元のより低い例から類推します。

　図2.14のように、S^1は閉区間2個から作られます。

　図2.15のように、S^2は閉円板2個から作られます。

　そして、図2.16のように、S^3は閉球体2個から作られます。

　図2.16で、閉球体を2つ貼り合わせて3次元球面を作りました。図2.17を見てください。3次元球面内の点であって、この各閉球体の境界の点になっているものに注目しましょう。この点でも、3次元球面の中で見ればまわりは開球体で

円周

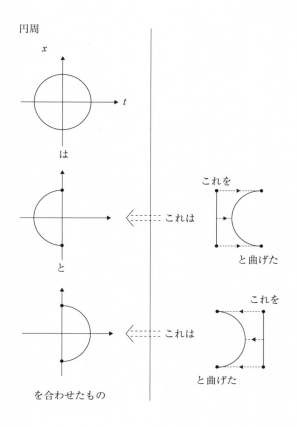

図2.14　S^1は閉区間2個から作られる

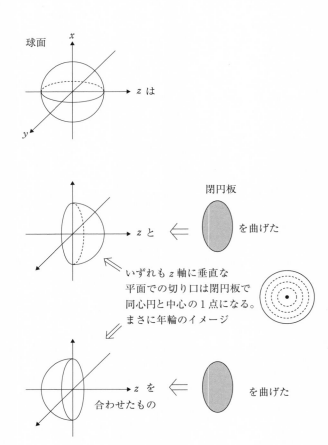

球面

x

z は

y

閉円板

を曲げた

z と ⇐

いずれも z 軸に垂直な
平面での切り口は閉円板で
同心円と中心の1点になる。
まさに年輪のイメージ

z を ⇐
合わせたもの

を曲げた

図 2.15　S^2 は閉円板 2 個から作られる

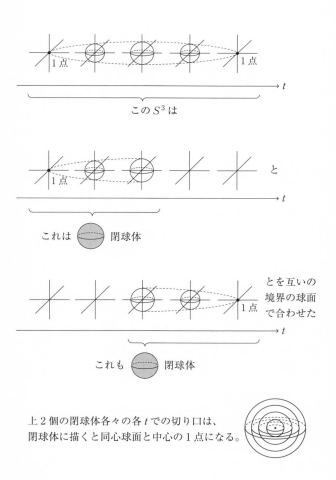

この S^3 は

これは 閉球体 と

これも 閉球体

とを互いの
境界の球面
で合わせた

上 2 個の閉球体各々の各 t での切り口は、
閉球体に描くと同心球面と中心の 1 点になる。

図 2.16 S^3 は閉球体 2 個から作られる

47

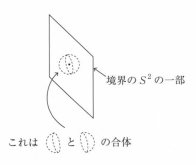

境界の S^2 の一部

これは ⟨⟩ と ⟨⟩ の合体

図2.17　図2.16で、境界同士を貼り合わせるところの点のまわりの開球体

す。それぞれの閉球体の中では開球体ではありませんが、図2.17のように合体したものは開球体です。

　さて、S^3 には次のような性質もあります。S^3 から1点をとると $\mathbb{R}^3$ になります。これもより低い次元からの類推で説明しましょう。

　図2.18のように、S^1 から1点をとると $\mathbb{R}^1$ になります。

　図2.19のように、S^2 から1点をとると $\mathbb{R}^2$ になります。

　図2.20のように、S^3 から1点をとると $\mathbb{R}^3$ になります。

　図2.20の下の図は、図2.19の右下の図から類推のこと。

　式で書いた方がわかりやすい人のために。

　S^1 は tx 座標平面で $t^2 + x^2 = 1$ でした。

　S^2 は xyz 座標空間で $x^2 + y^2 + z^2 = 1$ でした。

　S^3 は $xyzt$ 座標空間で $x^2 + y^2 + z^2 + t^2 = 1$ で表せます。t 座標が t のところでの S^3 の切り口は $x^2 + y^2 + z^2 = 1 - t^2$ です。式で書かれている方が頭に入るという人は、この式を胸に図

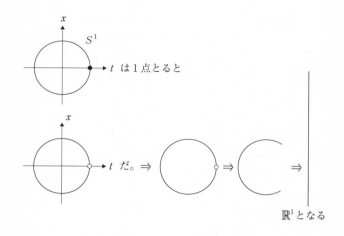

図2.18　S^1 から1点をとると $\mathbb{R}^1$ になる

2.13を、もういちど見てください。

さて、3次元球面の別の描き方を紹介しましょう。

まず、準備します。図2.21の右下のような図形を「厚みのある球面」と呼びます。図2.22を見てください。S^2 を時間軸に沿って $t = 0$ から $t = 1$ まで1秒流すと厚みのある球面になります。これは大事な考え方です。

この方法、および似た方法を問1.2の一解を作るときに使います。この本の後半で、さまざまな図形を作るときにも使います。

図2.22のいちばん上の図は、図2.22の下の図2個から類推できますね。図2.22の真ん中の図は、1点を時間軸に沿って

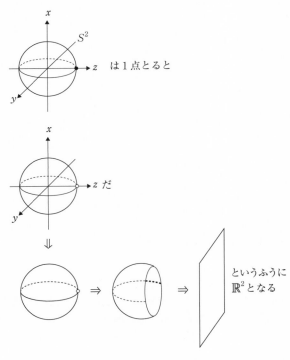

ここでの「S^1-(1点)」の z 軸に垂直な平面による
切り口の集まりは $\mathbb{R}^2$ 上の同心円と中心の 1 点に対応

図2.19　S^2 から 1 点をとると $\mathbb{R}^2$ になる

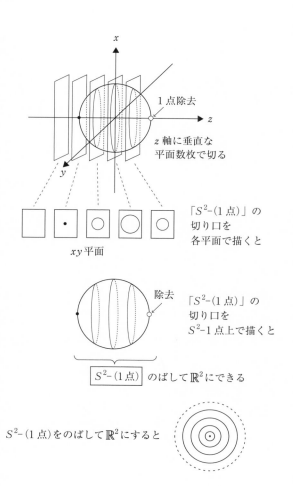

1点除去

z 軸に垂直な
平面数枚で切る

「$S^2-(1点)$」の
切り口を
各平面で描くと

xy平面

除去

「$S^2-(1点)$」の
切り口を
$S^2-1点$上で描くと

$S^2-(1点)$ のばして $\mathbb{R}^2$にできる

$S^2-(1点)$をのばして$\mathbb{R}^2$にすると

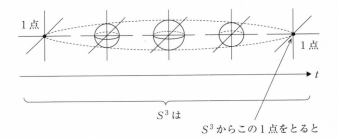

1点

1点

t

S^3 は

S^3 からこの 1 点をとると

のこりは

$\mathbb{R}^3$ になる

ここで S^3–(1 点) の t 座標が t の t のところの切り口の集まりは

$\mathbb{R}^3$ に描くと同心球と
それらの中心の 1 点に対応

図 2.20　S^3 から 1 点をとると $\mathbb{R}^3$ になる

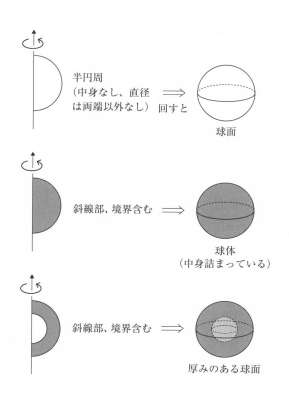

半円周
（中身なし、直径
は両端以外なし）　回すと　⟹　球面

斜線部、境界含む　⟹　球体
（中身詰まっている）

斜線部、境界含む　⟹　厚みのある球面

図2.21　球面、球体、厚みのある球面

53

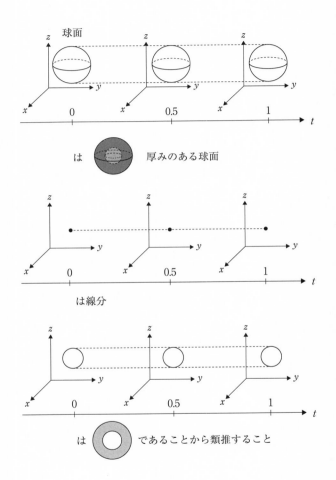

図 2.22　厚みのある球面

54

$t = 0$から$t = 1$まで1秒流すと線分になることを、そして図2.22の下の図は、円周を時間軸に沿って$t = 0$から$t = 1$まで1秒流すとシリンダー状の帯になることを示しています。図ではシリンダー状の帯を広げて描いています。

式で書いた方が好きな方へ。図2.22のいちばん上の図は

$$\{(x, y, z, t) \mid (x - a)^2 + (y - b)^2 + (z - c)^2 = 1, 0 \leq t \leq 1\}$$

です。球の中心を(a, b, c)、半径を1としました。

$$\{(x, y, z, t) \mid x^2 + y^2 + z^2 = 1, 0 \leq t \leq 1\}$$

をx軸方向にa、y軸方向にb、z軸方向にc、平行移動したものです。

さて、3次元球面は図2.23のようにも描けます。

円周を図2.23の左上のようにも描けるということ、および、2次元球面を図2.23の右上のようにも描けるということから類推してください。

図2.23の下図はこうやって描かれたものです。$t = 0$に閉球体（すなわち、中身の詰まった球面）を置きます。境界は球面です。この球面のみを、時間軸に沿って$t = 0$から$t = 1$まで1秒流します。閉球体の、境界以外の部分は流しません。すると、図2.22に描いたような形の厚みのある球面ができることに注意してください。

$t = 1$のところに別の閉球体を置きます。その際、「この$t = 1$のところの閉球体の境界である球面」と「$t = 0$から流れてきた球面」が一致するようにします（図2.23）。

この図形は、今の作り方（図2.23の下）では、閉球体2個を球面で貼り合わせてできたといえます（厚みのある球面

は、どちらかの閉球体に合体させたと考える。厚みのある球面と閉球体をこのように合体させると閉球体になりますね)。

このような描き方を本書で、これから重大な局面で何度か使います。

式で書いた方が好きな方へ。図2.23の下のS^3は

$$\{(x, y, z, t) \mid (x-a)^2 + (y-b)^2 + (z-c)^2 \leq 1, t = 0\}$$

$$\{(x, y, z, t) \mid (x-a)^2 + (y-b)^2 + (z-c)^2 = 1, 0 \leq t \leq 1\}$$

$$\{(x, y, z, t) \mid (x-a)^2 + (y-b)^2 + (z-c)^2 \leq 1, t = 1\}$$

の3個を合体させたものです。球の中心を (a, b, c)、半径を1としました。

ここで我々は、円柱の表面は球面と同じとみなす立場です（図2.24）。3次元でも高次元でもそうです。本書のここ以降の図で、この類いの"角（かど）"には悩まされぬように願います。図2.25、図2.26もご覧ください。

第1章の問1.2を思い出してください。この問は、ややSF的な問題です。取り敢えず、宇宙空間を3次元多様体と設定しているということですね。すると先に見たように、「宇宙空間が3次元空間$\mathbb{R}^3$ではなくて3次元球面S^3かもしれない」ということでした。さらに、「他には、どういう可能性があるでしょうか？」と問うているわけです。

まあ、宇宙空間が3次元空間$\mathbb{R}^3$以外の3次元多様体かもしれないわけですから、宇宙空間を研究するためにも多様体の研究は必須です。

　さて、みなさんなら、今までの話を一般化して5次元空間$\mathbb{R}^5$、6次元空間$\mathbb{R}^6$、…、n次元空間$\mathbb{R}^n$（nは自然数ならば、なんでもよい）や、4次元多様体、5次元多様体、6次元多様体、…、n次元多様体というものがあるのだろうと、たやすく類推していることでしょう。——確かにあります。次の次の章でやります。

　その前にS^3や4次元空間$\mathbb{R}^4$の話を、次章でもう少し続けます。次章でさらに$\mathbb{R}^4$に慣れて、次の次の章に進んでください。

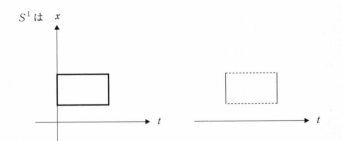

S^1 は

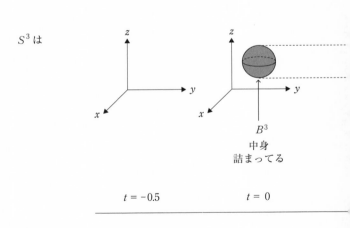

S^3 は

B^3
中身
詰まってる

$t = -0.5$ $\qquad$ $t = 0$

図2.23　S^3 の $\mathbb{R}^4$ への別の置き方

S^2 は

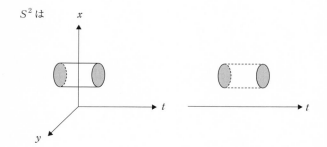

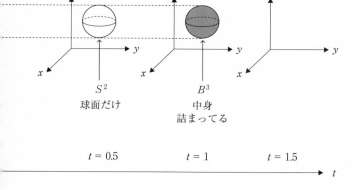

S^2
球面だけ

B^3
中身
詰まってる

$t = 0.5$ $t = 1$ $t = 1.5$

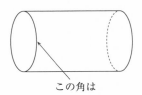

この角は

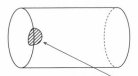

こういうふうに 折った開円板 を
貼れるので問題なしと考えます
（そういう立場で議論します）

もしくは、こうやって

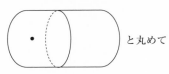

と丸めて

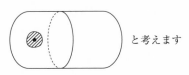

と考えます

図2.24　角（かど）

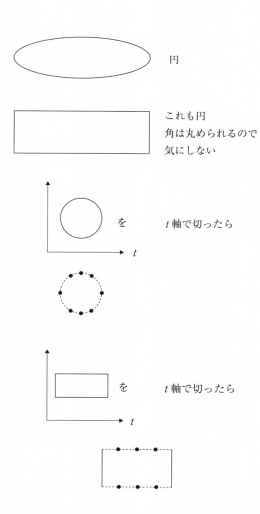

円

これも円
角は丸められるので
気にしない

を　　　t軸で切ったら

を　　　t軸で切ったら

図2.25　S^1を長方形にして、なおかつ切り口

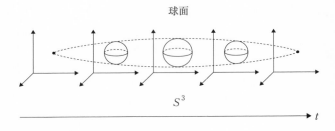

球面

S^3

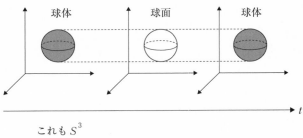

球体　　　　　球面　　　　　球体

これも S^3

角は丸められるので気にしない

図2.26　S^3 の $\mathbb{R}^4$ への別の置き方

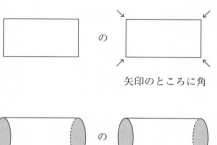

矢印のところに角

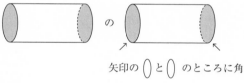

矢印の 〔 〕 と 〔 〕 のところに角

これと同様に
この S^3 も この辺り に角があるが気にせずとも良い

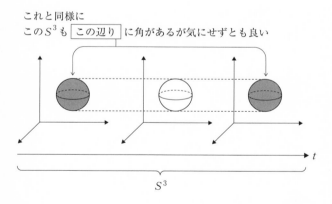

S^3

3 4次元立方体と3次元球面S^3

この章では、4次元立方体というものを紹介します。4次元立方体と3次元球面S^3の関係についても述べます。

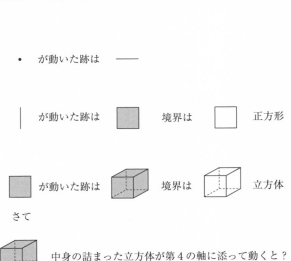

- が動いた跡は ——

が動いた跡は　　　　　境界は　　　　　正方形

が動いた跡は　　　　境界は　　　　立方体

さて

中身の詰まった立方体が第4の軸に添って動くと？

図3.1　さて、どうなるでしょう？

$\mathbb{R}^4$ の中の四次元立方体

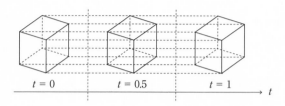

$t = 0$ $t = 0.5$ $t = 1$ t

$\mathbb{R}^4$ を $\mathbb{R}^3$ にうまく射影して描くと

こんな 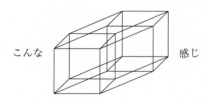 感じ

これを（中身の詰まった）四次元立方体といいます
もしくは境界を四次元立方体といいます

図3.2　4次元立方体

図3.1を見てください。

1点が動いた跡は線分になります。

線分が、その線分に垂直に動いた跡は中身のある正方形になります。動いた距離は線分の長さと同じにしてあります。だから正方形になりました。

正方形が、その正方形に垂直な方向に動いた跡は立方体です。動いた距離は1辺の長さと同じにしてあります。だから立方体になりました。

さて、この立方体は xyz 空間 $\mathbb{R}^3$ にあるとします。さらに、その xyz 空間 $\mathbb{R}^3$ は、$xyzt$ 空間 $\mathbb{R}^4$ の中の $t = 0$ のところとします。この立方体を t 軸に沿って動かすと軌跡はどのようなものになるでしょうか？　動かした距離は立方体の1辺の長さとします。

空想できますか？

そこでできた図形は図3.2のようになります。この図形には4次元立方体という名がついています。

式で書いた方が好きな方へ。中身の詰まった4次元立方体は、$\mathbb{R}^4$ の中でうまく座標をとると、たとえば

$$\{(x, y, z, t) \mid 0 \leqq x \leqq 1, 0 \leqq y \leqq 1, 0 \leqq z \leqq 1, 0 \leqq t \leqq 1\}$$

となります。

（中身のない境界だけの）立方体を用意します。この立方体の展開図のひとつは図3.3のいちばん上のものです。もちろん他にも展開の仕方はあります。いずれも正方形6個からなります。

（中身のない境界だけの）正方形を用意します。この正方形

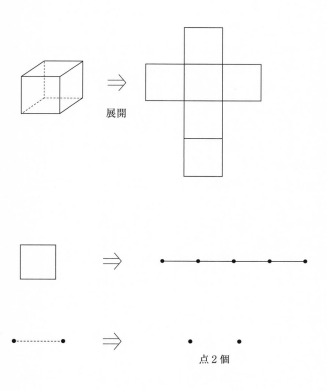

図3.3　3次元、2次元、1次元、0次元立方体の展開図

（“2次元立方体”）の“展開図”はその下のものです。線分4個からなります。

“1次元立方体”＝“（中身のない境界だけの）線分”の“展開図”は点2個からなるといえます（線分の境界は2点なので）。

中身のある“0次元立方体”は、点です。中身のない境界だけの0次立方体は、“点の境界”なので“ない”です。（中身のない境界だけの）0次元立方体の展開図は「ない」といえます。

次は、（中身のない境界だけの）4次元立方体を用意しましょう。さて、この4次元立方体の展開図は、どのようなものでしょう。

4次元立方体の展開図のひとつは、図3.4のように立方体8個になります。図3.2をよく睨んでイメージしてください。見えない人は根性で心眼を開いてください。

図3.3に関して、立方体（“3次元立方体”のこと）の展開図は他にもあるというのは、みなさんなら小学生の頃から知っていましたね。4次元立方体の展開図も、他にもあります。そんなに難しくないので考えてみてください。初心者の4次元空想の入門に良い問題でしょう。

展開図に、次元の低い方から、ある規則があるのが、みなさんおわかりでしょう。

0次元立方体の展開図は、何もない。すなわち、0個。

1次元立方体の展開図は0次元立方体（点）2個からなる。

2次元立方体（正方形）の展開図は1次元立方体（線分）4個からなる。

3次元立方体（通常、立方体といっているもの）の展開図

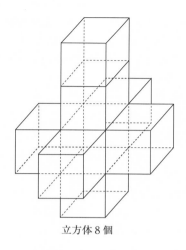

立方体 8 個

図3.4　4次元立方体の展開図

は、2次元立方体（正方形）6個からなる。

　4次元立方体の展開図は3次元立方体8個からなる。

　すなわち、$n = 0, 1, 2, 3, 4$とすると、n次元立方体の展開図は $(n-1)$ 次元立方体$2n$個からなるというふうになっていますね（(-1) 次元立方体はなにも「ない」ものとします）。

　ではnが5や6や……と、5以上のどんな自然数でもこのようなことが起こるのでしょうか。はい、起こります。5次元立方体も6次元立方体も考えられますよ。次章でn次元に突入します。想像力をフル稼働して空想してみてください。n次元立方体が直観できましたか。

4次元立方体は英語で4-dimensional cubeです。cube（キューブ）は立方体のことです。4次元立方体を4次元キューブともいいます。4次元立方体をTesseract（テセラクト、テッセラクト）ともいいます。Tesseractの語源：接頭辞tessara-（"四つの"）+ aktis（"古典ギリシア語ακτις（"光線"））。4次元立方体を正八胞体とも言います。正八胞体というのは、立方体が8個あるからこう言います。胞は今は立方体に対応してますが、胞の字は、いつでも立方体という意味ではないです。もっと形状に即して名付けるなら、正八"立方体"体というところです。

著者は、4次元立方体というのは、子供の頃に、4次元とかタイムマシンについてのムック本みたいなものを立ち読みしていたら、そこにロバート・A・ハインラインの『歪んだ家』というSF小説を漫画化したものが入っていて、そこに出てきて知りました。4次元立方体の見取り図（図3.2の下のもの）と展開図（図3.4のもの）が載っていました。次の日、小学校で、ぼぉーっ、と4次元立方体の見取り図を机に落書きしていました。2次元の平面に4次元の絵を描いているのだなあと気づきました。

また、著者は、3次元球面というのは、これも子供の頃に都筑卓司の『四次元問答』というブルーバックス・シリーズの本を立ち読みしていたら、そこに（3次元球面という用語そのものは載っていなかったのですが）「3次元球面、および、それを含み、かつ、それより広い概念」が書かれていて知りました。その本は買って帰りました。その日は、湯船で3次元球面をぽわぁーんと空想しました。

ところで、実は、4次元立方体も3次元球面も4次元空間

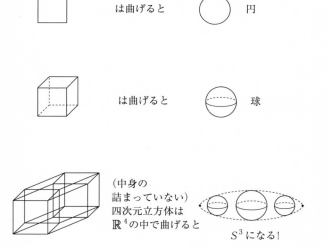

□ は曲げると ○ 円

立方体 は曲げると 球体 球

(中身の
詰まっていない)
四次元立方体は
$\mathbb{R}^4$ の中で曲げると

S^3 になる!

図3.5　4次元立方体と S^3

$\mathbb{R}^4$の中に置かれていることが多いですが、このとき、4次元空間$\mathbb{R}^4$の中で、このふたつのうち片方を曲げたり伸ばしたりしてもう片方に変形することができます。変形の途中で図形を切らずに、かつ、図形の一部を図形の他の部分にひっつけたりせずに、です。図3.5を見てください。

　4次元立方体と3次元球面が同じものというところで、4次元○○というものと、3次元□□というものが同じというのが、少し変に響くかもしれませんが、これは言葉の綾でそうなっているだけです。

　3次元球面という名前の由来は、それが3次元多様体だからです。4次元立方体という名前は、4次元空間$\mathbb{R}^4$にあることに由来します（もしくは、中身を詰めて、境界を無視して中身だけを見ると4次元多様体だから。第11章の最後の方で、もう一つ理由を言います。）。中身の詰まった4次元立方体の境界は3次元多様体です。そして、それが3次元球面と同じだといっているわけです。

　4次元立方体と3次元球面が同じものといいましたが、実は、これらふたつが$\mathbb{R}^4$の中にあると考えなくても、多様体として同じものになります。（どういう意味でか、というのは第19章の最後の方で言います）。

　さて、S^3と4次元立方体に関連した話をもうひとつしましょう。

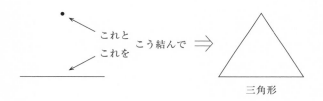

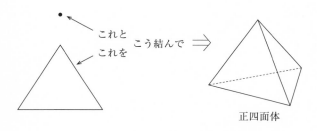

図3.6　正三角形の一差高次元化

　図3.6で説明しているように正三角形の"一差高次元化"は正四面体です。「次元を1つ上げる類推によって自然に考えられるもの」と、毎回いうと長いので、「一差高次元化」ということにします。これは、英語が第一言語の、もしくは英語がそのレベルにある数学者・物理学者は、one dimensional higher analogueというようです。

　さて、正四面体の一差高次元化とは、どういうものでしょう？　図3.7のような感じです。

　正四面体を一差高次元化したものは、まあ、正五"正四面体"体とでもいえます。

$\mathbb{R}^4$ の中で

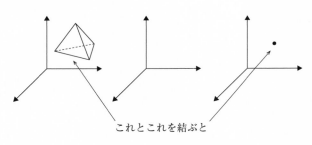

これとこれを結ぶと

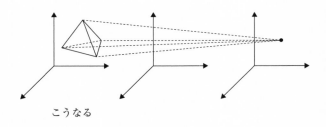

こうなる

図3.7　正四面体の一差高次元化

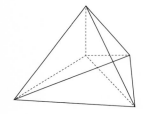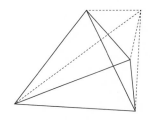

図3.8　正五 "正四面体" 体の $\mathbb{R}^3$ への射影図

$\mathbb{R}^3$ への射影図は、たとえば、図3.8のようになりますね。どちらも、正四面体を一差高次元化したものの射影図です。図3.8のふたつの違いは、射影する向きの取り方です。みなさんなら空想できますね。

専門的なことを言うと、これ（の中身の詰まったもの）は、単体ホモロジー、特異ホモロジーに出てくる4単体（4-simplex：フォー・シンプレックス）というものでもあります。

さて、この図形、正五 "正四面体" 体の中身のないもの（この図形の境界だけのもの）を4次元空間 $\mathbb{R}^4$ の中に置いて、その中で、曲げたり伸ばしたりして3次元球面 S^3 に変形することができます。変形の途中で図形を切らずに、かつ、図形の一部を図形の他の部分にひっつけたりせずに、です（図3.9）。

また、正五 "正四面体" 体と3次元球面 S^3 は $\mathbb{R}^4$ の中にあると考えなくても同じものと思えます（第19章の最後の方で説明します）。

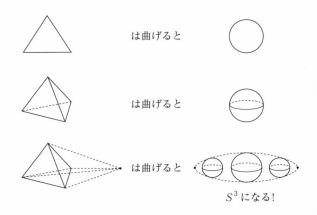

S^3になる!

図3.9　正五"正四面体"体とS^3

さて、以上で述べましたように、4次元立方体は、3次元球面S^3と"同じもの"です。また、正四面体の一差高次元化（正五"正四面体"体）も、3次元球面S^3と"同じもの"です。ということは、正四面体の一差高次元化と4次元立方体も"同じもの"ということです。

4 4次元以上の多様体

さて、前の前の章に続いて、4次元以上の多様体の定義を紹介していきます。

4次元多様体

1次元空間$\mathbb{R}^1$内の開区間は、1次元空間$\mathbb{R}^1$の座標をxでとると

$$-1 < x < 1$$

と書けますね（両端は-1や1でなくてもよい）。

2次元空間$\mathbb{R}^2$内の開円板は、2次元空間$\mathbb{R}^2$の座標を(x, y)でとると

$$x^2 + y^2 < 1$$

で表せました（半径や中心は他でもよい）。

3次元空間$\mathbb{R}^3$内の開球体は3次元空間$\mathbb{R}^3$の座標を(x, y, z)でとると

$$x^2 + y^2 + z^2 < 1$$

で表せました（半径や中心は他でもよい）。

4次元開球体というものを定義します。

4次元空間$\mathbb{R}^4$内の4次元開球体は、4次元空間$\mathbb{R}^4$の座標を

(x, y, z, t) でとると

$$x^2 + y^2 + z^2 + t^2 < 1$$

で表せます。

　これを曲げたり動かしたりしたものも4次元開球体といいます（そうするといわば"中心"や"半径"も変わります。曲げ伸ばせば、"球"でもなくなります。より低い次元から想像してください）。さらに4次元空間 $\mathbb{R}^4$ の中にあるとかないとかも考えずに、4次元開球体といいます。

　ここで、

$$x^2 + y^2 + z^2 + t^2 = 1$$

は3次元球面だったのを思い出してください。

　ところで、4次元開球体は次のようなイメージでも捉えられます。前章と似た話です。

　まず、より低い次元で類推。xy空間 $\mathbb{R}^2$ を用意します。1次元の開区間（$0 < x < 1$）を第2の軸（y軸）の方向の $0 < y < 1$ のあいだを動かす（$y = 0$ と $y = 1$ は入っていないことに注意）。境界のない正方形ができます。それを曲げ伸ばして開円板にできる（図4.1参照）。ということの類推から、次のようにします。

　$xyzw$空間 $\mathbb{R}^4$ を用意します。1次元の開区間（$0 < x < 1$）を第2の軸（y軸）の方向の $0 < y < 1$ のあいだを動かすと境界のない正方形ができます。次にこれを第3の軸（z軸）の方向の $0 < z < 1$ のあいだを動かすと境界のない、中身の詰まった立方体ができます。さらにそれを第4の軸（w軸）の方向の $0 < w < 1$ のあいだを動かして、できたものを曲げ伸ばして4次元開球体にできる。というイメージで理解しても

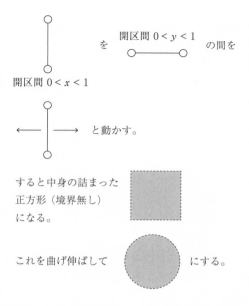

図4.1　1次元の開区間を第2の軸の方に少し動かすと境界のない正方形ができる。それを曲げ伸ばすと開円板にできる

よいです。

　4次元多様体は図形であって、各点のまわりが4次元開球体になっているものです。

　$\mathbb{R}^4$ も4次元開球体も4次元多様体です。もちろん他にもたくさん例はあります。本書でもこれからいくつか紹介します。

　今までのことから類推して予想されているでしょうけど、

4次元多様体は$\mathbb{R}^4$に埋め込めるとは限りません。ということは、これも今までの類推からいって、みなさんなら次のように考えるでしょう。「nが5以上のn次元空間$\mathbb{R}^n$というものもあるのだろうか？ 4次元多様体を、nが大きい$\mathbb{R}^n$に埋め込もうと思えば埋め込めるのだろうか？」——その通りです。以下、ご覧ください。

▶ n次元空間$\mathbb{R}^n$

ここまでに、1次元空間$\mathbb{R}^1$、2次元空間$\mathbb{R}^2$、3次元空間$\mathbb{R}^3$、4次元空間$\mathbb{R}^4$については話しました。みなさんなら容易に推測できるでしょうが、実数をn個並べたもの（$x_1, \cdots, x_n$）をすべて集めたものの作る空間を、n次元空間$\mathbb{R}^n$といいます（nは自然数ならば、なんでもよい）。この空間は軸がn本あって座標を決めていると考えます。もちろん目の前の3次元空間には作れませんから、頭の中で想像してください。

n次元空間$\mathbb{R}^n$に座標（$x_1, \cdots, x_n$）を与えているとき、そのn次元空間$\mathbb{R}^n$を$x_1 \cdots x_n$空間$\mathbb{R}^n$ということもあります。

▶ n次元多様体

n次元空間$\mathbb{R}^n$内のn次元開球体というものを次のように定義します。n次元空間$\mathbb{R}^n$の座標を（$x_1, \cdots, x_n$）でとったとして

$$x_1^2 + \cdots + x_n^2 < 1$$

という式で表される図形、およびこれを曲げたり動かしたりしたもの。さらに$\mathbb{R}^n$に入っているかどうかも気にしない（次元の低い場合から類推できますね）。

　ところで、n次元開球体は次のようなイメージでも捉えられます。図4.1を使った、4次元開球体の説明から類推してください。前章も思い出してください。

　n次元空間$\mathbb{R}^n$の座標を $(x_1, \cdots, x_n)$ でとったとします。1次元の開区間 $(0 < x_1 < 1)$ を第2の軸 (x_2) の方向の $0 < x_2 < 1$ のあいだを動かすと境界のない正方形ができます。次にこれを第3の軸 $(x_3$軸$)$ の方向の $0 < x_3 < 1$ のあいだを動かすと境界のない、中身の詰まった立方体ができます。さらにそれを第4の軸 $(x_4$軸$)$ の方向の $0 < x_4 < 1$ のあいだを動かして、できたものを……n番目の軸 $(x_n$軸$)$ の方向の $0 < x_n < 1$ のあいだを動かしてできるものがあります。これを曲げ伸ばしてn次元開球体にできる。というイメージで理解してもよいです。

　n次元多様体は図形であって、各点のまわりがn次元開球体になっているものです。

　ちなみにn次元空間$\mathbb{R}^n$の座標を $(x_1, \cdots, x_n)$ でとったとして

$$x_1^2 + \cdots + x_n^2 = 1$$

という式で表される図形を $(n-1)$ 次元球面S^{n-1}といいます（n次元球面ではありません。次元の低い例から類推できますね）。

　$(n+1)$ 次元空間$\mathbb{R}^{n+1}$の座標を $(x_1, \cdots, x_n, x_{n+1})$ でとったとして

$$x_1^2 + \cdots + x_n^2 + x_{n+1}^2 = 1$$

という式で表される図形をn次元球面S^nといいます（$(n+1)$ 次元球面ではありません。次元の低い例から類推できま

すね)。

ちなみに、0次元球面S^0は2点です。S^nの場合の式表示から類推して、$x^2 = 1 \Leftrightarrow x = \pm 1$だからと、思ってください。

n次元球面S^nは本書の後半で大事なものです。

$\mathbb{R}^n$もS^nもn次元開球体もn次元多様体です。もちろん他にもたくさん例はあります。本書でもこれからいくつか紹介します。

nが大きいn次元多様体を高次元多様体と言います。nがいくつより大きいかは、場合によります。

第1章の問1.2は、簡易化した設定下のややSF的な問題です。宇宙空間を3次元多様体と仮定していますね。ところで、宇宙空間は本当は3次元空間でも3次元多様体でもなくて、高次元多様体なのではないかという説もあります（第16章で少し触れます）。宇宙空間がもしかしたら高次元多様体かもしれないわけですから、宇宙を研究する上でも高次元多様体を考える必要があるということです。

▶多様体の定義

0次元多様体、1次元多様体、……、n次元多様体（nは非負整数）を合わせて多様体といいます。

ところで、n次元多様体は大きな自然数Nがあって$\mathbb{R}^N$の中に埋め込める（自分のどの点も自分の別の点に触らないで置ける）ことが知られています（参考文献 [46, 47]）。これは、専門用語で埋め込みというものの大らかな説明です。今後、埋め込みという言葉を使いますが、大体、上の意味を思っておけば大丈夫です。

　まあ、Nが大きいことを除けば、$\mathbb{R}^N$は、まだ空想しやすいですから、$\mathbb{R}^N$に入っていると言われれば、気分的に少し見えるような気がしますよね。

　それから、多様体を考えるときに長さを変えないで考える立場と、引っ張って伸ばして長さを変えてもよい立場があります。どちらの研究もされています。日常感覚でも、大きい円も小さい円も円だから同じと感じることもあれば、大きい円と小さい円は別だと感じることもありますよね。

　多様体は、大学の数学科では3年生で、必修科目として全員が習います。そのくらい基本的なことなのです。ちなみに、「一般相対性理論」や「量子電磁力学のくりこみ」や「場の量子論の標準模型」や「超弦理論」は、物理学科の3年生の必修ではありません。4年生か大学院で選択科目です（これらの物理用語については、第15章、第16章で少し触れます）。私の経験やまわりの情報に基づくので、大学や国によって違いはあるでしょうが。

　大雑把な話ですが、多様体を大学で習い出す時期というのは、一般相対性理論や超弦理論を大学で習い出す時期より早いようです。なので、みなさんも多様体に挑んでください。

　もちろん、すべての数学や多くの物理が多様体を依り代に研究されていますから、多様体に関する話すべて、というのは広汎かつ高度であるのは当然です。しかし、上述のように、大学で多様体を習い出すのは意外に早いし、実はかなり多くの人が学んでいるので、初歩を勉強するぶんには、尻込みせずとも大丈夫です。

　さて、第1章の問1.2の下3行のことを多様体の言葉を使っていうと、こういうことになりますね。

3次元空間$\mathbb{R}^3$でも3次元球面S^3でもない3次元多様体であって、かつ、次の性質をもつものはどんなものがあるでしょうか。「ある3次元多様体の中のどこでもよいから好きな点から始まる曲線すべてについて、次が成り立つ。この曲線をどんどん伸ばしていくとずっと伸ばしていける」。

　次の章で一解を紹介します。

　今まで見てきたように、多様体の定義は皆さんなら、それほど難しく感じないでしょう。各点のまわりが小さな$\mathbb{R}^n$だというだけです。$n = 2, 3$なら、なおのこと簡単でしょう。$n = 2$なら多様体の例も$\mathbb{R}^2$でないものを何個か、容易く、言えます（図1.8、図2.5を応用）。では、3次元多様体の例を何個か言えますか？　例が無限個言えないと話は始まりません。そして、例がいくつか言えたとして、それらがお互いに本当に同じものではないというのはどうやって示すのでしょうか。本書で、今から、話していきます。

　人間には、知らないこと、習っていないことを新発見する能力があります。そうやって歴史が紡がれてきました。ですから、この問題を初めて聞いたという人も、なんとか、この問題の一解をひねり出してください。今回の場合は、ここまでの話がヒントです。この問題を初めて聞いた人も、挑まれんことを望みます。

雑　談

　頭の中で考えて、高次元が見えるときの精神状態や感動を表現するのに空想とか幻視などと言語表現しています。ですが、我々が見ているものは、たとえば

　　　$xyzt$空間$\mathbb{R}^4$の中の$x=y=z=1, 0\leqq t\leqq 1$
　　　という図形

のような、きちんと数式を使って表せるものです（図2.11、2.12）。

　数学をきちんと学んだ人同士のあいだなら、ある人が別の人に「このような高次元の図形を考えよ」と言えば、そのふたりは同じものを頭に描けます。そういう意味では、高次元の図形は、曖昧模糊なものではないです。

　といっても、式で書いて式をいじるだけで見えるというようなものではありません。新しい高次元の図形を発見したり、高次元の図形の新しい性質を発見したりするのは高次元への観照を要します。高次元が幻視できたら、その後で、式で書けたりして人にきちんと伝えられるということです。

　ところで、本書以外の（数学・科学に限らず）いろいろな分野の本の中には、文脈によっては空想、幻想、幻視という言葉をまったく現実味のないものを想うという意味で使うこともあります。しかし、空想特撮とか幻想小説とかというときは、積極的な前向きな意味合いで使いますね。

　ということで、我々は、数学的に確固とした高次元のエキサイティングな図形を頭の中で思い描くこと、新発見することを空想、幻想、幻視などと、感動をもって表現します。

　数学や物理で高次元を幻視して人に伝えるのは、現実味のない喩えをもてあそんで、人と比喩を戦わせているのではありません。空想して幻想して高次元の確実な対象を把握して人に見せているです。

PART2

3次元空間$\mathbb{R}^3$でも
3次元球面S^3でもない
3次元多様体
──日常にひそむ多様体

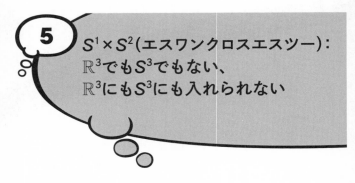

5　$S^1 \times S^2$（エスワンクロスエスツー）：
$\mathbb{R}^3$でもS^3でもない、
$\mathbb{R}^3$にもS^3にも入れられない

第1章で次のことを問いました。

> **問1.2**　我々の住んでいる宇宙のどの点でもその点を中心に小さい開球体とみなせるとします。どこでもよいから好きな点から始まる曲線であって、我々の住んでいる宇宙の中に描かれた曲線をすべて考えましょう。この曲線を我々の住んでいる宇宙の中で、どんどん伸ばしていきます。ずっと伸ばしていけるとしたら、我々の住んでいる宇宙はどんな図形でしょうか？（開球体は"曲がって"いてもよいものとします）

多様体という言葉を使って言い直すとこうです。
「3次元多様体があったとします。どこでもよいから好きな点から始まる曲線をすべて考えましょう。この曲線を、その3次元多様体の中で、どんどん伸ばしていきます。ずっと伸ばしていけるとしたら、さて、このような3次元多様体には、どのようなものがあるでしょうか？」

問1.2の直後でも述べましたが、3次元空間$\mathbb{R}^3$と3次元球面S^3は解です。しかしそれ以外にも解があります。

さあ、ついに、予告通り、3次元空間$\mathbb{R}^3$でも3次元球面S^3でもない3次元多様体であって、問1.2の解であるものをひとつお見せします。

図5.1の上の方を見てください。これがそうです。この絵は以下のように作ります。

$txyz$空間$\mathbb{R}^4$の$t=0$のところのxyz空間$\mathbb{R}^3$に厚みのある球面を置きます。境界は2個の球面です。いいですか。

この2個の球面のみをそれぞれ、時間軸に沿って$t=0$から$t=1$まで1秒流します。厚みのある球面の、境界以外の部分は流しません。

図2.22のいちばん上で紹介した厚みのある球面を、ここで2ヵ所、使っていることに注意してください。見えますか？

$t=1$のところのxyz空間$\mathbb{R}^3$に、別の厚みのある球面を置きます。その際、「この$t=1$のところの"厚みのある球面"の境界である2個の球面」の大きい方、小さい方が、それぞれ「$t=0$から流れてきた2個の球面」の大きい方、小さい方に、図5.1のように一致するようにします。

この図形は、今の作り方では、厚みのある球面を4個合わせてできています（大きい球面が流れてできたのが1個、小さい球面が流れてできたのが1個、$t=0$の中に1個、$t=1$の中に1個）。

図5.1の上の方の絵で表されるこの図形には、$S^1 \times S^2$（エスワンクロスエスツー）という名前がついています。S^1とS^2を×でかけているような記号になっているのは、今のと

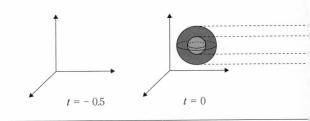

$t = -0.5$ $t = 0$

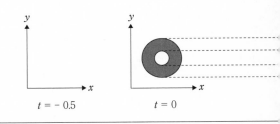

$t = -0.5$ $t = 0$

これはトーラスです。これは

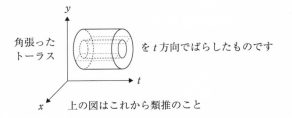

上の図はこれから類推のこと

図5.1 $S^1 \times S^2$ の絵

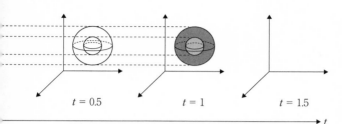

$t = 0.5$ $t = 1$ $t = 1.5$

t

上の図は $S^1 \times S^2$ です

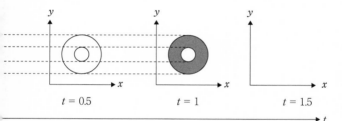

$t = 0.5$ $t = 1$ $t = 1.5$

t

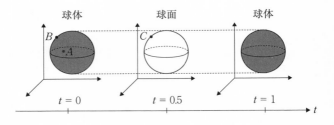

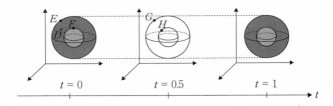

図5.2　点Aはt = 0の球体の内部にある。
　　　点Bはt = 0の球体の境界にある。
　　　点Cはt = 0.5の球面上にある。
　　　点Dはt = 0の厚みのある球面の内部にある。
　　　点Eはt = 0の厚みのある球面の境界である球面2個のうち大きい
　　　方の球面上にある。
　　　点Fはt = 0の厚みのある球面の境界である球面2個のうち小さい
　　　方の球面上にある。
　　　点Gはt = 0.5の球面2個のうち大きい方の球面上にある。
　　　点Hはt = 0.5の球面2個のうち小さい方の球面上にある。

ころは、そういう記号だと思ってください。第7章で説明します。

　図5.1の下の方はxyt空間の中にトーラスT^2を入れたものをt軸に垂直な平面で切っていった切り口です。これからS^1

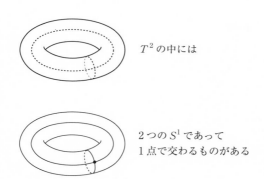

T^2 の中には

2つの S^1 であって
1点で交わるものがある

図5.3　実線は T^2 の中の S^1、破線は T^2 の中の S^1、交点が1個。$\mathbb{R}^2$ や S^2 の中で S^1 と S^1 が交わるなら交点は偶数個。よって T^2 は $\mathbb{R}^2$ や S^2 ではない。$\mathbb{R}^2$ にも S^2 にも埋め込めない

$\times S^2$ の形を類推してください。それから図2.22の上の方の厚みのある球面の置き方を思い出してください。

$S^1 \times S^2$（図5.1の上の方）と図2.23の S^3 の違いに注意してください。

$S^1 \times S^2$ の各点のまわりが開球体（小さい $\mathbb{R}^3$）だということの大筋を説明しましょう。図5.2の上の絵は図2.23と同じ流儀で S^3 を描いたものです。この S^3 の中の3点A, B, Cを注目してください。S^3 の中で、各点A, B, Cのまわりは開球体（小さい $\mathbb{R}^3$）となっています。

図5.2の下は図5.1と同じ流儀で $S^1 \times S^2$ を描いたものです。この $S^1 \times S^2$ の中の5点D, E, F, G, Hを注目してください。$S^1 \times S^2$ の中で、各点D, E, F, G, Hのまわりが開球体（小さい $\mathbb{R}^3$）となっていることは、図5.2の上の絵のA, B, C

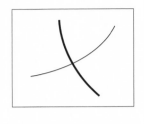
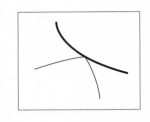

交点　　　　　　　　　　　　　　　　接点

図5.4　交点と接点

についての議論から、類推できますね。

　実際、このことは正しいことが知られています。

　$S^1 \times S^2$はS^3とも$\mathbb{R}^3$とも違うことが知られています。証明する方法はいろいろあります。その方法のひとつのあらすじを紹介します。まず、その方法の低い次元の類推を言います。

　トーラスT^2は2次元空間$\mathbb{R}^2$とも2次元球面S^2とも違うことが知られています（見るからにそうですが）。

　証明方法はいろいろありますが、ひとつのやり方のあらすじを紹介します。図5.3を見てください。トーラスT^2に2個の円周S^1をとって、それらの交点が1個だけというようにできます。

　「交わる」「交点」というのは、図5.4にあるように中学・高校で習ったことと同じ意味です。2本の線が四角形に含まれています。右も左も共有点は1個。左は交わるといいます。この場合は共有点を交点ともいいます。右は接するといいま

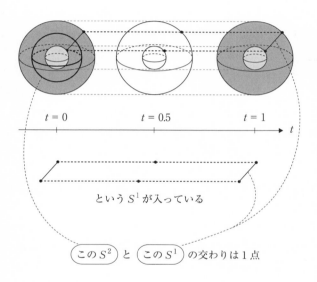

$S^1 \times S^2$

$t = 0$ $t = 0.5$ $t = 1$ t

という S^1 が入っている

この S^2 と この S^1 の交わりは1点

図5.5　$t = 0$の中の太実線は$S^1 \times S^2$の中のS^2。下は$S^1 \times S^2$の中のS^1の説明。このS^2とS^1は交点が1個。$\mathbb{R}^3$やS^3の中でS^2とS^1が交わるなら交点は偶数個。よって$S^1 \times S^2$は$\mathbb{R}^3$やS^3ではない。$\mathbb{R}^3$にもS^3にも埋め込めない

す。この場合は共有点を接点ともいいます。

これら2個のS^1は、T^2の中にあって、外に出てはいけない、という条件で考えていることに注意してください。T^2の外に出てよいなら、交わらないようにできますね。これら2個のS^1は、T^2の中に置いてあって、これら2個のS^1の交点は1個という状況にあります。

ところで、$\mathbb{R}^2$やS^2の中で2個のS^1が交わるなら、交点は偶数個になることが知られています。これも見るからに正しそうですが、実際正しいです。

よってT^2は$\mathbb{R}^2$やS^2ではありません。

さらに、T^2は$\mathbb{R}^2$やS^2に埋め込めないことも知られています。もしも埋め込めたら、$\mathbb{R}^2$やS^2の中に2個の円周をとって、それらの交点が1個だけというようにできるので矛盾です。よって、$\mathbb{R}^2$やS^2に埋め込めません。

さて、$S^1 \times S^2$はS^3とも$\mathbb{R}^3$とも違うことの一証明方法のあらすじです。

図5.5を見てください。$t = 0$の中の太実線はS^2、実線の線分2本と点線の線分2本からなるものはS^1です。これらが1点で交わっています。

これらS^2とS^1は、$S^1 \times S^2$の中にあって、外に出てはいけない、という条件で考えていることに注意してください。$S^1 \times S^2$の外に出てよいならば、交わらないようにできます。これらS^2とS^1は、$S^1 \times S^2$の中に置いてあって、これらS^2とS^1の交点は1個という状況にあります。

ところで、$\mathbb{R}^3$やS^3の中でS^2とS^1が交わるなら交点は偶数個になることが知られています。これも見るからにそうです

ね。

よって$S^1 \times S^2$は$\mathbb{R}^3$やS^3ではありません。

さらに同様の議論から、$S^1 \times S^2$は、$\mathbb{R}^3$にもS^3にも埋め込めません。

この説明で使った、S^1とS^2が1点のみで交わる、というのは、専門的に言うとコホモロジー環、ホモロジー・サイクルの交叉積というあたりのことと関係しています。

将来、専門書を読む人は、そのあたりを勉強するときに、ここの説明を詳しく言えるようになるぞ、と思って読むと、漫然と読むよりいいですよ。

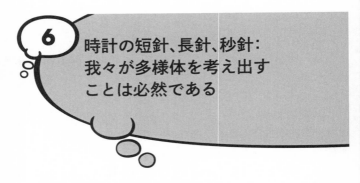

　問1.2の解をもうひとつ紹介しましょう。

　短針、長針、秒針のある時計を用意します。「中心と12を結ぶ線」から針の回る向きに角度を測ります。角度の単位は度です。

　まずは短針と長針だけに注目します。さらに短針が0度から15度まで動くときを考えます。短針の位置を決めると長針の位置が決まります。長針はまだ1周していないことに注意してください。ある時刻での「短針の位置」に「長針の位置」を対応させるグラフを描こうと思えば、図6.1の下のように長方形を用意すれば描けるというのは小学校くらいの知識でわかりますね。

「短針の位置」というのは、短針と「中心と12を結ぶ線」のなす角度で表されます。「長針の位置」というのは、長針と「中心と12を結ぶ線」のなす角度で表されます。

　ところで、短針も長針も実際には時計板を何回も回りますね。その条件下でも短針の位置を決めたら長針の位置は決まります。この条件下の「短針の位置」に「長針の位置」を対応させるグラフを描こうとしたらどこに描けばよいでしょう

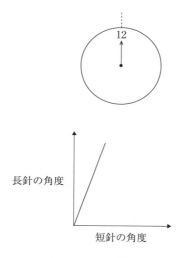

図6.1　時計と長方形

か？

（中身の詰まった）長方形の向かい合う辺同士を、向かい合う点同士が合うように合わすと描けます。

そう、トーラスですね（図6.2）。

さて、次に短針と長針と秒針を考えます。まずは、短針が0度から0.05度動くときを考えます。この条件下で短針の位置を決めたら長針の位置と秒針の位置が決まります。長針も秒針もまだ1周していないことに注意してください。

「短針の位置」に「長針の位置」と「秒針の位置」の両方を対応させるグラフを描こうとしたらどこに描くことになりますか？

図6.3のように直方体ですね。

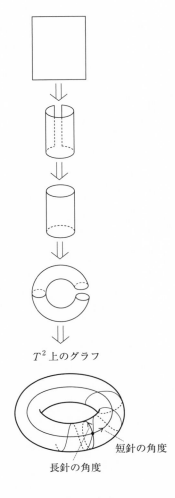

T^2 上のグラフ

短針の角度

長針の角度

図6.2　時計と長方形とトーラス

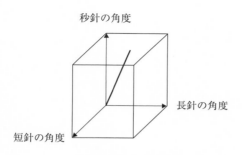

秒針の角度

長針の角度

短針の角度

図6.3　時計と直方体

　ところで、短針も長針も秒針も実際には時計板を何回も回りますね。その条件下で「短針の位置」に「長針の位置」と「秒針の位置」の両方を対応させるグラフを描こうとしたらどこに描けばよいでしょうか？

「グラフを描くべきところ」は、直方体の向かい合う面同士を、図6.4のような感じで、気合で貼るとできます。注意：貼るときに3次元空間$\mathbb{R}^3$から飛び出します。できあがった図形は3次元空間$\mathbb{R}^3$から、はみ出ています。

　より低い次元から類推してください。短針か長針か秒針か、どれかひとつに注目しましょう。その針の位置は360度＝0度なので元に戻りますね。これは線分の両端を合体させて円周にしたということです。ここで、次のことにも注意してください。この線分は1次元空間$\mathbb{R}^1$に入っていますが、円周は1次元空間$\mathbb{R}^1$から、はみ出てしまいます。

　図6.2では、（中身の詰まった）長方形の向かい合う辺を、向かい合う点同士が合うように貼ってトーラスを作りました。ここで、次のことにも注意してください。この長方形は

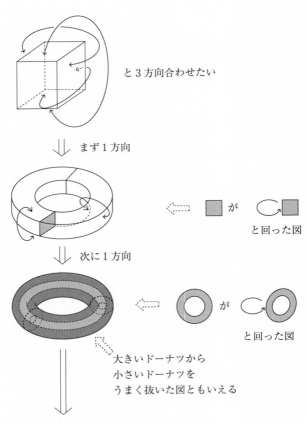

と3方向合わせたい

⬇ まず1方向

⬅ ▦ が ⟲▦
　　　　と回った図

⬇ 次に1方向

⬅ ◎ が ⟲◎
　　　　と回った図

大きいドーナツから
小さいドーナツを
うまく抜いた図ともいえる

さて、この次は ??
（厚みのあるトーラスの外と内のトーラスを"合わす"と？）

図6.4　直方体の向かい合う面同士を、こんな感じで、気合で貼る（注意：最後に貼るときに3次元空間 $\mathbb{R}^3$ から飛び出る。できあがった図形は3次元空間 $\mathbb{R}^3$ から、はみ出ている）

小学校で習った回転体を思い出してください

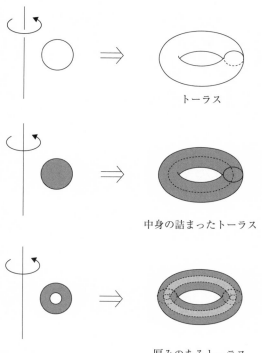

トーラス

中身の詰まったトーラス

厚みのあるトーラス

図6.5　厚みのあるトーラス

2次元空間 $\mathbb{R}^2$ に入っていますが、トーラスは2次元空間 $\mathbb{R}^2$ から、はみ出てしまいます。このことの一差高次元化した操作が図6.4です。

この直方体の向かい合う面同士を合わせた図形を3次元トーラス T^3 といいます。これは多様体の一種です。

すなわち、「短針の位置」に「長針の位置」と「秒針の位置」の両方を対応させるグラフを3次元トーラス T^3 という多様体に描くことになります。T^3 はティースリーと読みます。

3次元トーラス T^3 は、T^2 を円周に沿って1周させた軌跡のような感じになっているのが、なんとなく空想できますか?

もう少し説明しましょう。

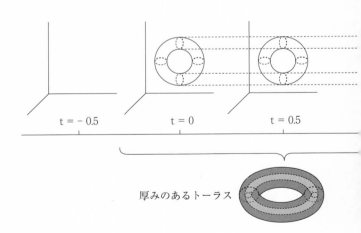

図6.6　厚みのあるトーラス

　まず、厚みのあるトーラスというものがどういうものか一応説明します。図6.5の右下のものです。図6.5では、小学校以来おなじみの回転体を作る方法で説明しました。

　また、厚みのあるトーラスは中身のあるトーラスから、小さい中身のあるトーラスを取り除いたものでもあります（図6.4、図6.5）。これは3次元空間$\mathbb{R}^3$の中での操作です。余裕で見えますね。

　厚みのある球面というのが図2.21と図2.22で出てきました。そこを思い出してください。球面を時間軸に沿って一定期間流すと、厚みのある球面になるのでした。図6.6を見てください。同様にして、トーラスを時間方向に一定期間流せば、厚みのあるトーラスになります。

　図6.7をご覧ください。

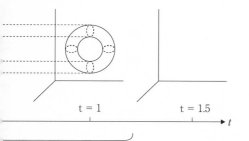

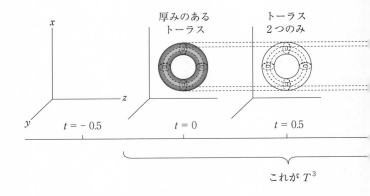

図6.7 T^3は厚みのあるトーラスを4個合わせてできている

　$txyz$空間$\mathbb{R}^4$の$t=0$のところのxyz空間$\mathbb{R}^3$に厚みのあるトーラスを置きます。境界は2個のトーラスです。いいですか。

　この2個のトーラスのみをそれぞれ、時間軸に沿って$t=0$から$t=1$まで1秒流します。厚みのあるトーラスの、境界以外の部分は流しません。

　図6.6で紹介した厚みのあるトーラスを、ここで2ヵ所、使っていることに注意してください。見えますか？

　$t=1$のところのxyz空間$\mathbb{R}^3$に、別の厚みのあるトーラスを置きます。その際、「この$t=1$のところの"厚みのあるトーラス"の境界である2個のトーラス」の大きい方、小さい方が、それぞれ「$t=0$から流れてきた2個のトーラス」の大きい方、小さい方に、図6.7のように一致するようにします。

　この図形は、今の作り方では、厚みのあるトーラスを4個

106

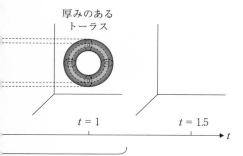

厚みのある
トーラス

$t = 1$ $t = 1.5$

t

合わせてできています（大きいトーラスが流れてできたのが
1個、小さいトーラスが流れてできたのが1個、$t = 0$の中に
1個、$t = 1$の中に1個）。

　このできあがった図形が3次元トーラスT^3です。なんと
なくでもよいですので、図6.4で説明した図形と同じ図形と
いう気がしますか。

　T^3の各点のまわりが開球体なのは図5.2でした考察と同様
の考察でわかりますね。実際にそうなることが、わかってい
ます。

　短針、長針、秒針がこの章で述べたような関係にあるとい
うことは、たいていの人なら小学校入学前に時計を読めるよ
うになったときには頭の中で無意識にわかっていたことで
す。

　その無意識にわかっていたことを図形に表そうとすると、

それが自動的に3次元トーラス T^3 という多様体とそこに描かれたグラフになるわけです。

3次元トーラス T^3 は3次元空間 $\mathbb{R}^3$ ではない、$\mathbb{R}^3$ より複雑な3次元多様体です。しかし、上述の通り、実は、このように日常的に無意識に自動的に考えているものと同等なものなのです。どこかの誰かが「私は科学をするにしても3次元空間 $\mathbb{R}^3$ だけ考えておけばじゅうぶんだと思う。だから $\mathbb{R}^3$ 以外の $\mathbb{R}^3$ より複雑な3次元多様体など必要ないんじゃないか。だから、多様体という概念など要らない」と言っても、多様体はその人にも、他のみんなにも、避けうべからざるものなのです。

さて、T^3 が S^3 とも $\mathbb{R}^3$ とも違うという説明のあらすじをお話しします。

図6.8の上は図6.7と同じです。T^3 です。この T^3 の中に、図6.8の下のように円周 S^1 が入っています。下の図の濃部をよく睨んでください、円周 S^1 ですね。

ここで厚みのあるトーラスの中の「もともとのトーラス」という言葉を用意します。図6.9をご覧ください。

図6.8の上の T^3 を見てください。左端に厚みのあるトーラスがありますね。この厚みのあるトーラスの中にある、もともとのトーラス T^2 に注目してください（図6.10参照）。

T^3 の中で図6.8の S^1 と、図6.10の T^2 は1点で交わっています。図6.10のように。見えますか。

$\mathbb{R}^3$ の中で S^1 と T^2 が交われば、必ず交わりは偶数個の点です。これは直感的にはほぼ明らかでしょう。実際、それほど難しくない手順で証明できることが知られています。

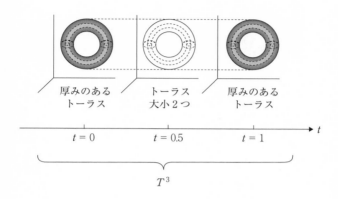

厚みのある　　　トーラス　　　厚みのある
トーラス　　　　大小2つ　　　　トーラス

$t=0$　　　　　$t=0.5$　　　　　$t=1$

T^3

の中の、以下の  は S^1 だ

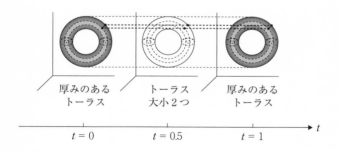

厚みのある　　　トーラス　　　厚みのある
トーラス　　　　大小2つ　　　　トーラス

$t=0$　　　　　$t=0.5$　　　　　$t=1$

図6.8　T^3の中のS^1

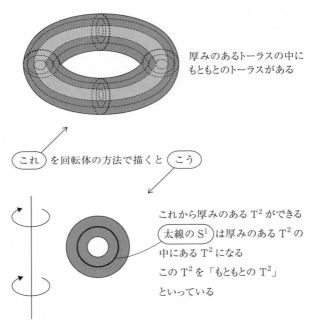

厚みのあるトーラスの中に
もともとのトーラスがある

（これ）を回転体の方法で描くと（こう）

これから厚みのある T^2 ができる
（太線の S^1 は厚みのある T^2 の
中にある T^2 になる
この T^2 を「もともとの T^2」
といっている

図6.9　T^3 の中の T^2 と S^1

S^3 の中で S^1 と T^2 が交われば、必ず交わりは偶数個の点です。これは、たとえば、S^3 から1点を除けば $\mathbb{R}^3$ ということからも納得いくでしょう。

なので、T^3 が S^3 とも $\mathbb{R}^3$ とも違うということを証明できます。

同じようなやりかたで、T^3 が S^3 にも $\mathbb{R}^3$ にも埋め込めないということも証明できます。

第9章で、T^3 が $S^1 \times S^2$ と違うという説明のあらすじをほ

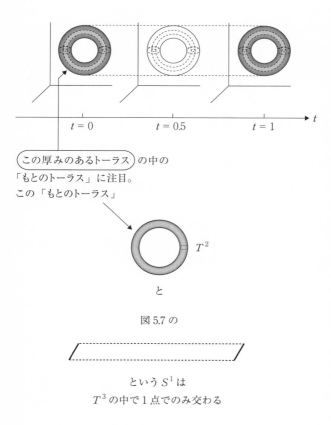

この厚みのあるトーラス の中の
「もとのトーラス」に注目。
この「もとのトーラス」

T^2

と

図 5.7 の

という S^1 は
T^3 の中で 1 点でのみ交わる

図 6.10 　T^3 の中の T^2 と S^1

んの少しだけ紹介します。

　T^3 は、かなり無意識に子供の頃から考えていたものと同等なものであるわけですが、T^3 は $\mathbb{R}^3$ に入らないものです。

つまり、人間は、ものごころついた頃には、ほぼ本能的に $\mathbb{R}^3$ に入らない多様体を心眼で見ているのです。

　今までに出てきた多様体なら空想力のある人なら気合で幻視できると思います。

　そういう人も、そうでない人も、この本を読み終えたら将来、まずは、このあたりの多様体の本格的な説明を読むのを目指して専門書に進んでください。

　それから、専門書を読み出せば式や関数でも説明がされていますが、ただ、大事なのは、やはり今、ここでやっているような直観力です。直感で観照できなければ式や関数がいくら正しく書かれていても頭に高次元の図は浮かんできません。なので、まずは、ここで、イメージが湧きますように。

　実際、専門書でもこのあたりの話は直感的な概念図を多用していることが多いですよ。

7

直積多様体

　この章では直積多様体というものを定義します。その前に例をいくつか披露します。

　図7.1のように

　　　x空間$\mathbb{R}$内に　　開区間　$P = \{x \mid 1 < x < 3\}$

　　　y空間$\mathbb{R}$内に　　開区間　$Q = \{y \mid 2 < y < 5\}$

があるとしましょう（みなさんなら、このくらいの集合を表す記号は高校で習うなどして、知っていることでしょう）。

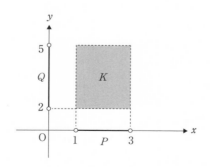

図7.1　開区間$P \times$開区間Q

xy 空間 $\mathbb{R}^2$ 内に

$K = \{(x, y) \mid 1 < x < 3, 2 < y < 5\}$

というものを考えましょう。

$(P \text{の長さ}) \times (Q \text{の長さ}) = (K \text{の面積})$

となります（境界が含まれませんが気にしなくても大丈夫です）。このことの連想から

$K = P \times Q$

と書きます。本書では $K = Q \times P$ と書いても同じものを表しているということにします。

図7.2のように xy 空間 $\mathbb{R}^2$ 内に

$S^1 = \{(x, y) \mid x^2 + y^2 = 1\}$

という円周があったとします。

z 空間 $\mathbb{R}$ 内に

$U = \{z \mid 1 < z < 2\}$

という開区間があったとします。

xyz 空間 $\mathbb{R}^3$ 内に

$A = \{(x, y, z) \mid x^2 + y^2 = 1, 1 < z < 2\}$

という図形をとります。円柱の側面の境界のないものです。先ほどの類推でこれを $A = S^1 \times U$ と書きます。

この $S^1 \times U$ は xyz 空間 $\mathbb{R}^3$ 内で曲げ伸ばして動かしていって、図7.3のような

$\{(x, y, z) \mid 1 < x^2 + y^2 < 2, z = 0\}$

という位置にもっていけます。しかも、動かしていくときに自分の一部が自分の他の部分に触らないように、できますね。

このような移動を、今後、いろいろと行います。気に留めておいてください。

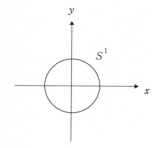

xyz 空間 $\mathbb{R}^3$ に $A = \{(x, y, z) \mid x^2+y^2=1,\ 1<z<2\}$

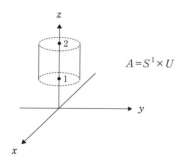

$A = S^1 \times U$

図 7.2　円周 $S^1 \times$ 開区間 U

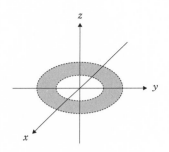

図7.3　$S^1 \times U$ を曲げ伸ばして動かした。このような移動を、後ほどいろいろ行います

　多様体 M と多様体 N から多様体 $M \times N$ というものを定義します。$M \times N$ は「エムクロスエヌ」と読みます。

　M, N を多様体とします。m, n をじゅうぶん大きくとれば、M は $\mathbb{R}^m$ に、N は $\mathbb{R}^n$ に、必ず埋め込めます（このことは第4章で述べました。参考文献［46, 47］参照）。

　$\mathbb{R}^{m+n}$ の中に

　　　$\{(x_1, \cdots, x_m, x_{m+1}, \cdots, x_{m+n}) \mid$

　　　$(x_1, \cdots, x_m)$ は $\mathbb{R}^m$ の中の M の中の点すべて、

　　　$(x_{m+1}, \cdots, x_{m+n})$ は $\mathbb{R}^n$ の中の N の中の点すべて$\}$

という図形が定義できます。図7.1、図7.2から類推してください。気持ちを描くと図7.4のような感じです。これを M と N の直積多様体 $M \times N$ と呼びます（積多様体ということもあります）。これを曲げ伸ばして動かしたものも $M \times N$ と呼びます（たとえば図7.2を図7.3にもっていくように動かします）。

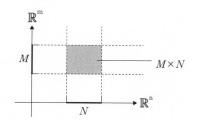

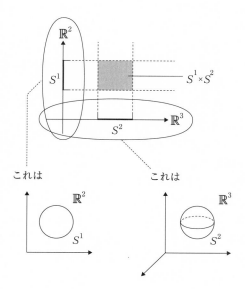

図7.4　直積多様体

$S^1 \times S^2$ で「×」が入っていたのは、S^1 と S^2 の直積多様体という意味だったのです。

$S^1 \times S^2$ だと図7.4の下のような感じです。

xyz 空間 $\mathbb{R}^3$ の中で $x^2 + y^2 + z^2 = 1$ は球面 S^2 です。uv 空間 $\mathbb{R}^2$ の中で $u^2 + v^2 = 1$ は円周 S^1 です。$xyzuv$ 空間 $\mathbb{R}^5$ の中で $\{x^2 + y^2 + z^2 = 1, u^2 + v^2 = 1\}$ は $S^1 \times S^2$ です。

図7.1は、1次元多様体 P と1次元多様体 Q の直積多様体である2次元多様体 K の説明をしているともいえます。K は曲げ伸ばして開円板にできます。

図7.2は、1次元多様体 S^1 と1次元多様体 U の直積多様体である2次元多様体 A の説明をしているともいえます。

本書では、$M \times N$ と $N \times M$ は同じものとして扱うという立場でいきます（これも、きちんと専門的にわかっていることです。今は先に進んでください）。

m, n は自然数ならば、なんでもよいとします。

$\mathbb{R}^{m+n}$ は直積多様体 $\mathbb{R}^m \times \mathbb{R}^n$ とみなせます。

$\mathbb{R}^n$ といっていたものも $\mathbb{R} \times \cdots \times \mathbb{R}$ というように、$\mathbb{R}$、n 個の直積多様体とも思えます。

トーラス T^2 を直積多様体を使って以下のように説明することもできます。

ab 空間 $\mathbb{R}^2$ の中で $a^2 + b^2 = 1$ は円周 S^1 です。

cd 空間 $\mathbb{R}^2$ の中で $c^2 + d^2 = 1$ は円周 S^1 です。

$abcd$ 空間 $\mathbb{R}^4$ の中で $\{a^2 + b^2 = 1, c^2 + d^2 = 1\}$ という図形は、上の2個の S^1 の直積多様体 $S^1 \times S^1$ となります。実は、この $S^1 \times S^1$ が、次の意味で、T^2 と同じ形なのです。

この T^2 を

$\{(a, b, c, 0) \mid a, b, c$ はすべての実数をとる$\}$

という3次元空間 $\mathbb{R}^3$ に曲げ伸ばして移動させて、図1.8（これは $\mathbb{R}^3$ の中の絵です）の左の位置のトーラスと重なるようにできます。しかも、動かしていくときに自分の一部が自分の他の部分に触らないように、できますね。空想してください。なんとなくでいいですが、想像できますか？

なので、T^2 を $S^1 \times S^1$ ともいいます。

T^3 を直積多様体を使って以下のように説明することもできます。

ab 空間 $\mathbb{R}^2$ の中で $a^2 + b^2 = 1$ は円周 S^1 です。

cd 空間 $\mathbb{R}^2$ の中で $c^2 + d^2 = 1$ は円周 S^1 です。

ef 空間 $\mathbb{R}^2$ の中で $e^2 + f^2 = 1$ は円周 S^1 です。

$abcdef$ 空間 $\mathbb{R}^6$ の中で $\{a^2 + b^2 = 1, c^2 + d^2 = 1, e^2 + f^2 = 1\}$ という図形は、上の3個の S^1 の直積多様体 $S^1 \times S^1 \times S^1$ となります。実は、この $S^1 \times S^1 \times S^1$ が、次の意味で、T^3 と同じ形なのです。

この T^3 を

$\{(a, b, c, d, 0, 0) \mid a, b, c, d$ はすべての実数をとる$\}$

という4次元空間 $\mathbb{R}^4$ に曲げ伸ばして移動させて、図6.7（これらは $\mathbb{R}^4$ の中の図です）の T^3 と重なるようにできます。しかも、動かしていくときに自分の一部が自分の他の部分に触らないように、できますね。幻想してください。なんとなくでいいですが、イメージが湧きますか？

なので、T^3 を $S^1 \times S^1 \times S^1$ ともいいます。注意：S^3 は、$S^1 \times S^1 \times S^1$ という S^1 3個の直積多様体ではありません。

また、S^n は、$S^1 \times \cdots \times S^1$ という S^1 n 個の直積多様体ではありません。S^1、n 個の直積多様体は、n 次元トーラス T^n というものです。$n = 2, 3$ の場合を上で見ました。

図2.22の上の図は、両端（$t = 0$のところと$t = 1$のところ）を除くと$S^2 \times$（開区間）という直積多様体だということがわかるでしょう（両端を入れた話も気になるでしょう。それは、第11章で触れます）。

図5.1を見てください。$S^2 \times S^1$という直積多様体に$S^2 \times$（開区間）という直積多様体が含まれているわけです。

図6.6は両端（$t = 0$のところと$t = 1$のところ）を除くと、$T^2 \times$（開区間）だということがわかるでしょう。図6.7では$T^2 \times S^1 = T^3$という直積多様体に$T^2 \times$（開区間）という直積多様体が含まれているわけです。

ここでは、$M \times N$を定義するときに、Mを$\mathbb{R}^m$の中に、Nを$\mathbb{R}^n$の中にそれぞれ置くという手順を用いましたが、実は、$\mathbb{R}^m$, $\mathbb{R}^n$を用いずに定義できます。専門書では通常、そちらの方法で書いてあります（参考文献［54］参照）。

ところで、直積多様体を使うと、以下のような感じで高次元の多様体をたくさん作れます。

図2.5のような感じで穴がg個あいたドーナツを用意してその表面をΣ_gと呼びます。gが違えばこれらはお互いに違う多様体であることが知られています。

nを2以上の自然数ならば、なんでもよいとします。$\Sigma_g \times S^{n-2}$とすると、互いに異なるn次元多様体が無限個できます。

これ以外にも多様体は各nで無限個あります。

8

S^3 と $\mathbb{R}^3$ は違う、
S^3 は $\mathbb{R}^3$ に入らない

　さて、3次元球面 S^3 と3次元空間 $\mathbb{R}^3$ は、同じものでしょうか？　違っていそうですけど、それも気になってきましたね。その話を、ここでしておきましょう。

　3次元球面 S^3 は3次元空間 $\mathbb{R}^3$ ではないです。どうやって証明するか、方法のひとつのあらすじをお話しします。

　今回も、その前に次元の低い例をお話しします。そこから類推してください。

　$\mathbb{R}$ と S^1 が別のものだということの証明のあらすじを紹介します。図8.1を見てください。

　背理法で示します。背理法というのはみなさんなら中学・高校で慣れ親しんでいることでしょう。

　$\mathbb{R}$ と S^1 が同じと仮定します。

　すると $\mathbb{R} - (1点)$ と $S^1 - (1点) = \mathbb{R}$ が同じです。

　しかし、$\mathbb{R} - (1点)$ は2個からなり、$S^1 - (1点)$ は1個からなります。

　よって矛盾。よって $\mathbb{R}$ と S^1 は別のものです。

　次に、$\mathbb{R}^2$ と S^2 が別のものだということの証明のあらすじ

背理法で示す

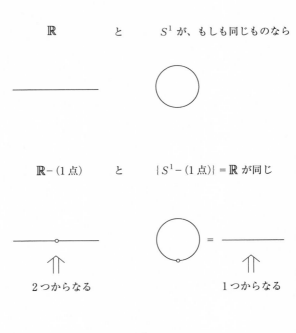

$\mathbb{R}$ と S^1 が、もしも同じものなら

$\mathbb{R}-(1\,点)$ と $\{S^1-(1\,点)\}=\mathbb{R}$ が同じ

2つからなる   1つからなる

矛盾、よって S^1 と $\mathbb{R}$ は別のもの

図8.1　S^1 と $\mathbb{R}^1$ は別のもの

背理法で示す

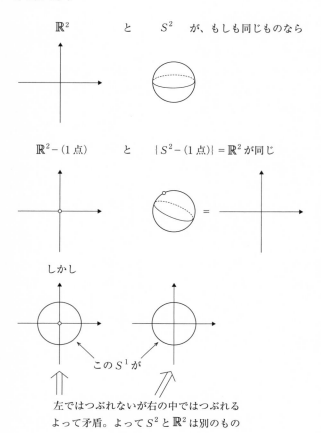

$\mathbb{R}^2$ と S^2 が、もしも同じものなら

$\mathbb{R}^2 - (1 点)$ と $\{S^2 - (1 点)\} = \mathbb{R}^2$ が同じ

しかし

この S^1 が

左ではつぶれないが右の中ではつぶれる
よって矛盾。よって S^2 と $\mathbb{R}^2$ は別のもの

図8.2 S^2 と $\mathbb{R}^2$ は別のもの

を紹介します。図8.2を見てください。

背理法で示します。$\mathbb{R}^2$とS^2が同じと仮定します。

すると$\mathbb{R}^2 - (1点)$ と $S^2 - (1点) = \mathbb{R}^2$ が同じです。

ところで、$\mathbb{R}^2 - (1点)$ の中には、$\mathbb{R}^2 - (1点)$ の中での連続変形でつぶせない円周があります。

「連続変形でつぶす」の意味は大体図8.3のような感じです。

S^1を連続変形します。変形の途中で、S^1自身の一部分がS^1自身の他の部分に触っても OK です。$\mathbb{R}^2$の中だと、そういう変形でS^1を1点にできます。ある図形の中で、このようにS^1を連続変形していって1点にできれば、「その図形の中でS^1を連続変形でつぶせる」といっています。

しかし、$S^2 - (1点) = \mathbb{R}^2$の中のすべての円周は
$S^2 - (1点) = \mathbb{R}^2$の中での連続変形でつぶせます。

よって矛盾。よって$\mathbb{R}^2$とS^2は別のものです。

さて、$\mathbb{R}^3$とS^3が別のものだということの証明のあらすじを紹介します。図8.4を見てください。

背理法で示します。$\mathbb{R}^3$とS^3が同じと仮定します。

すると$\mathbb{R}^3 - (1点)$ と $S^3 - (1点) = \mathbb{R}^3$ が同じです。

ところで、$\mathbb{R}^3 - (1点)$ の中には、$\mathbb{R}^3 - (1点)$ の中での連続変形でつぶせない球面があります。

しかし、$S^3 - (1点) = \mathbb{R}^3$の中のすべての球面は$S^3 - (1点)$ $= \mathbb{R}^3$の中での連続変形でつぶせます。

よって矛盾。よって$\mathbb{R}^3$とS^3は別のものです。

「S^2を連続変形でつぶす」の意味は図8.3のS^1の場合から類推してください。

S^2を連続変形します。変形の途中でS^2自身の一部分がS^2自身の他の部分に触っても OK です。$\mathbb{R}^3$の中だと、そういう

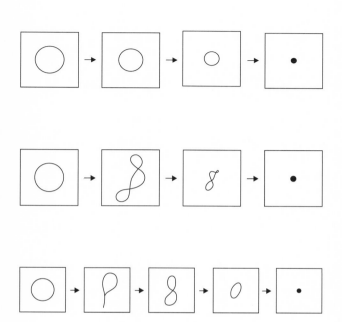

S^1 を連続に変化していく

S^1 の自分のどこかが自分のどこかに触ってもOK

平面内なら S^1 を変形後1点にできる.

図8.3　$\mathbb{R}^2$ の中の S^1 を連続変形でつぶすとは、こういう感じ

変形で S^2 を1点にできますね。ある図形の中で、このように S^2 を連続変形していって1点にできれば、「その図形の中で S^2 を連続変形でつぶせる」といっています。

この説明で使った、図形全体が1個の図形からなるか2個

背理法で示す

$\mathbb{R}^3$ と S^3 が、もしも同じものなら

$\mathbb{R}^3 - (1点)$ と $\boxed{S^3 - (1点)}$ が同じもの

$\underset{\displaystyle \mathbb{R}^3}{\parallel}$

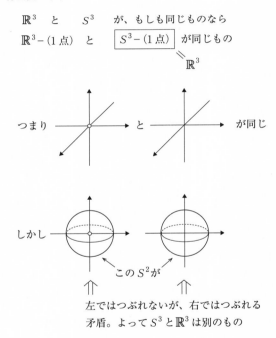

つまり ——— と ——— が同じ

しかし

このS^2が

左ではつぶれないが、右ではつぶれる

矛盾。よってS^3と$\mathbb{R}^3$は別のもの

図8.4　S^3と$\mathbb{R}^3$は別のもの

の図形からなるかとか、S^1 や S^2 がつぶれないというのは、専門的に言うとホモロジー群、基本群、ホモトピー群と関係しています。将来、専門書を読む人は、このあたりを勉強するときに、ここの説明を詳しく言えるようになるぞと思って読むと、漫然と読むよりいいですよ。

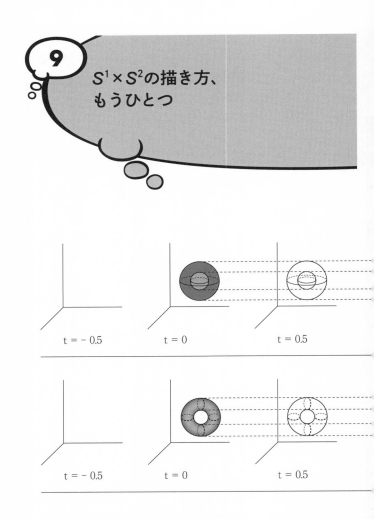

9

$S^1 \times S^2$の描き方、もうひとつ

t = − 0.5   t = 0   t = 0.5

t = − 0.5   t = 0   t = 0.5

図9.1　上の2個はともに$\mathbb{R}^4$の中の$S^1 \times S^2$。$\mathbb{R}^4$の中で動かしていって移し合わすことが可能に見えますか？　気合で幻視してください

　第5章で $S^1 \times S^2$ （エスワンクロスエスツー）の絵をお見せしましたが、$S^1 \times S^2$ の別の描き方をここでお話しします。

　図9.1を見てください。上は、図5.1のように $\mathbb{R}^4$ 内に置かれた $S^1 \times S^2$ です。下はこうやって描かれたものです。$t = 0$ に中身の詰まったトーラスを置きます。境界はトーラスです。このトーラスのみを、時間軸に沿って $t = 0$ から $t = 1$ まで1秒流します。中身の詰まったトーラスの、境界以外の部分は流しません。

　図6.6で紹介した、厚みのある T^2 の絵をここでも使ってい

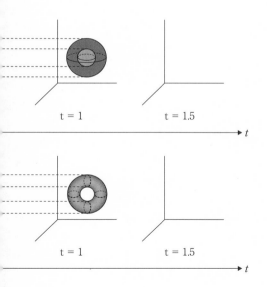

ることに注意してください。見えますか？

$t = 1$ のところに別の中身の詰まったトーラスを置きます。その際、「この $t = 1$ のところの "中身の詰まったトーラス" の境界であるトーラス」と「$t = 0$ から流れてきたトーラス」が図9.1のように一致するようにします。

この図形は、今の作り方（図9.1の下）では、中身の詰まったトーラス2個をトーラスで貼り合わせてできたといえます（厚みのあるトーラスは、中身のあるトーラスどちらかに合体させたと思う。厚みのあるトーラスと中身のあるトーラスをこのように合体させると中身のあるトーラスになりますね）。

$S^1 \times S^2$（エスワンクロスエスツー）のこの作り方も頭に浮かびますか？

これら2通りに $\mathbb{R}^4$ 内に置かれた $S^1 \times S^2$ を、片方を $\mathbb{R}^4$ 内で移動させてもう一方にもっていけます。しかも、動かしていくときに自分の一部が自分の他の部分に触らないように、できます。

これが見えればかなりセンスがよいです。すごく大雑把に気持ちだけ言うと、どちらも S^2 が S^1 に沿って1周した軌跡のような感じです（図7.4が空想の一助になるかもしれません）。なんとなく、どっちの絵もそういう感じがしますか？感性を研ぎ澄まして挑んでください。見えない人は根性を出して頑張って想像してください。

図9.2も参照してください。図9.1の上（図5.1）で $S^1 \times S^2$ の中の S^2 が、たとえば、どこにあるかを描いています。

$S^1 \times S^2$ は、図7.4のように考えると $xyzuv$ 空間 $\mathbb{R}^5$ の中で
$$\{(x, y, z, u, v) \mid x^2 + y^2 + z^2 = 1, u^2 + v^2 = 1\}$$

と式で書けるのでした。

これを図9.1や図5.1のような位置にもっていったともいえます。

図9.1の下の図を少し動かして伸ばしたりしたものをこのような式で書けます。

$$\begin{Bmatrix} 1 \leq x^2 + y^2 \leq 4 \\ 0 \leq z \leq 1 \\ t = 0 \end{Bmatrix} \cup \begin{Bmatrix} 1 \leq x^2 + y^2 \leq 4 \\ z = 0, \ 1 \\ 0 < t < 1 \end{Bmatrix}$$

$$\cup \begin{Bmatrix} x^2 + y^2 = 1, 4 \\ 0 \leq z \leq 1 \\ 0 < t < 1 \end{Bmatrix} \cup \begin{Bmatrix} 1 \leq x^2 + y^2 \leq 4 \\ 0 \leq z \leq 1 \\ t = 1 \end{Bmatrix}$$

式でも書けますが、式を見て形がわかるというよりは、気合で高次元が見えてわかるという感じでしょう。みなさん、このくらいなら根性があれば見えます。観照なされよ。

「T^3 と $S^1 \times S^2$ は違う（◇）」ということの証明のあらすじを、ほんの少し紹介しましょう。

「T^3 の中の球面は必ず T^3 の中の連続変形で潰せる（♯）」ことが知られています。ところで、$S^1 \times S^2$ の中にはつぶれない S^2 があったから（◇）が正しい。

（♯）を使って、「T^3 の中で S^2 と S^1 が交わっていると交点は必ず偶数個だ」と言えます。ところで、$S^1 \times S^2$ の中では S^2 と S^1 が交点1個で交わることが可能なので（◇）が正しいといってもよいです。

あるいは、「$\mathbb{R}^3, S^3, S^1 \times S^2, T^3$ がどの2個をとっても違

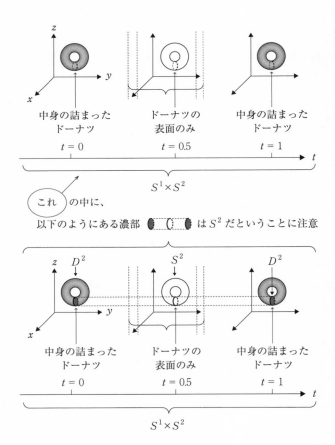

この S^2 がくるっと S^1 に沿って 1 周回ると $S^1 \times S^2$ になっている

図9.2 $S^1 \times S^2$ の中の S^2

う」ということは、「どの2個をとっても、それらのホモロジー群というものが違う」ということを使っても示せます。興味のある方は本書を読み終えた後、そのあたりの学習に挑戦してください。

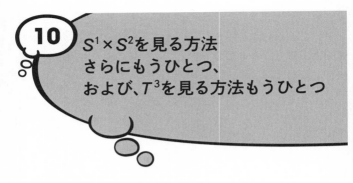

図10.1を見てください。

$\mathbb{R}^3$の中で1点を軸のまわりに回すと円周になります。

$\mathbb{R}^3$の中で円周を軸のまわりに回すとT^2になります。

図10.2を見てください。

xyz空間$\mathbb{R}^3$を次のようにみなせます。xyz空間$\mathbb{R}^3$の中のxz空間$\mathbb{R}^2$に注目します。そのxz空間$\mathbb{R}^2$の中のx座標が0以上の部分に注目します（これを$\mathbb{R}^2_{x \geq 0}$と呼びましょう）。$\mathbb{R}^2_{x \geq 0}$をz空間$\mathbb{R}^1$のまわりに回したものをxyz空間$\mathbb{R}^3$とみなせます。

図10.2の話を一差高次元化します。

図10.3を見てください。

$xyzw$空間$\mathbb{R}^4$は次のようなものとみなせます。$xyzw$空間$\mathbb{R}^4$の中のxyz空間$\mathbb{R}^3$に注目します。そのxyz空間$\mathbb{R}^3$の中のx座標が0以上の部分に注目します（これを$\mathbb{R}^3_{x \geq 0}$と呼びましょう）。$\mathbb{R}^3_{x \geq 0}$をyz空間$\mathbb{R}^2$のまわりに回したものを$xyzw$空間$\mathbb{R}^4$とみなせます。

図10.4を見てください。

$\mathbb{R}^4$の中で、S^2を$\mathbb{R}^2$のまわりに回したらその軌跡は$S^2 \times S^1$

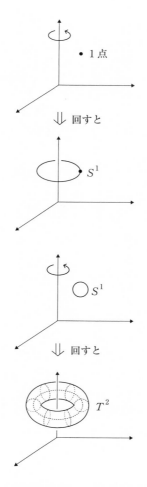

図10.1 $\mathbb{R}^3$ の中で1点を軸のまわりに回すと円周になる。$\mathbb{R}^3$ の中で円周を軸のまわりに回すと T^2 になる

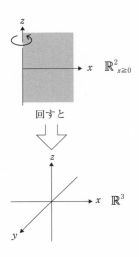

図10.2 $\mathbb{R}^3$ は $\mathbb{R}^2$ の x座標が0以上の部分 $\mathbb{R}^2_{x\geqq0}$ を $\mathbb{R}^1$ のまわりに回したものとみなせる

になります。気合で空想してください。図10.3のように $\mathbb{R}^3_{x\geqq0}$ を $\mathbb{R}^2$ のまわりに回すときに、S^2 が $\mathbb{R}^3_{x\geqq0}$ の中にあったとすると、S^2 が $\mathbb{R}^3_{x\geqq0}$ と一緒に回っていきますね。そういう操作のことです。

$\mathbb{R}^4$ の中で、T^2 を $\mathbb{R}^2$ のまわりに回したら $T^2 \times S^1 = T^3$ になります。直観力で想像してください。

図10.4の $\mathbb{R}^4$ の中の $S^1 \times S^2$ も、図5.1の $S^1 \times S^2$ の置いてある位置や図9.1の下の $S^1 \times S^2$ の置いてある位置まで $\mathbb{R}^4$ の中でもっていけます。しかも、動かしていくときに自分の一部が自分の他の部分に触らないように、できます。

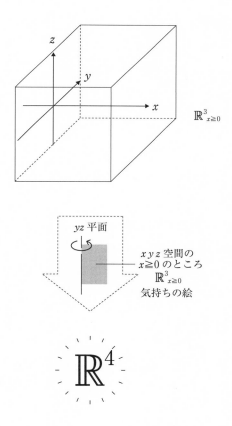

図10.3　$\mathbb{R}^4$は$\mathbb{R}^3$のx座標が0以上の部分$\mathbb{R}^3_{x\geqq0}$を$\mathbb{R}^2$のまわりに回したものとみなせる

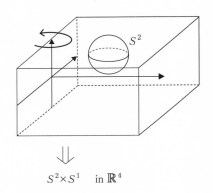

$\mathbb{R}^2$のまわりに回すと

$S^2 \times S^1 \quad \text{in } \mathbb{R}^4$

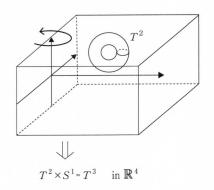

$\mathbb{R}^2$のまわりに回すと

$T^2 \times S^1 = T^3 \quad \text{in } \mathbb{R}^4$

図10.4 $\mathbb{R}^4$の中でS^2を$\mathbb{R}^2$のまわりに回したら$S^2 \times S^1$になる。$\mathbb{R}^4$の中でT^2を$\mathbb{R}^2$のまわりに回したら$T^2 \times S^1 = T^3$になる。図中の♡はかなり気持ちを表して描いています

$\mathbb{R}^2$のまわりに回すと

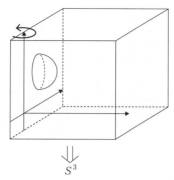

$$\Downarrow$$
$$S^3$$

注：半球が左の壁のどこに貼り付いていても S^3 です

図10.5　図中の⌣はかなり気持ちを表して描いています

　図10.4の $\mathbb{R}^4$ の中の T^3 も図6.7の T^3 の置いてある位置まで $\mathbb{R}^4$ の中でもっていけます。しかも、動かしていくときに自分の一部が自分の他の部分に触らないように、できます。

　初心者で今の段階で、このもっていき方が頭に浮かんだらなかなかの心眼の持ち主です。将来有望ですので頑張ってください。

　図10.5は S^3 になるのはわかりますね（［51］小笠 参照）。

　この章では、問1.2の解として、$S^1 \times S^2$、T^3 などを紹介しました。第19章でもう少し、問1.2について論じます。

PART 3

多様体を高次元にすると……?
──その性質はどうなるか

11 境界付き多様体

2次元多様体は各点のまわりが開円板になっていました。なので、この定義だと閉円板は多様体ではありません。閉円板の境界である円周上の点どれでもよいから見てください。そこでは、まわりが開円板になっていないからです。

図11.1の網かけ部分を見てください。円板の上半分です。直径のところは含まれています。直径の両端は含まれていません。円周のその他のところも含まないとします。

各点のまわりが開円板か、図11.1の網かけ部分のようになっている図形を、境界付き2次元多様体、境界のある2次元多様体、2次元・境界付き多様体、2次元境界付き多様体な

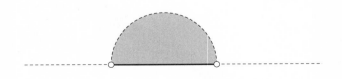

図11.1　点のまわりがこうなっているとする

どといいます。

閉円板が例です。図11.1も例です。

2次元・境界付き多様体があったときに、「図11.1の直径である線分（境界を除いていたことに注意）」の部分を集めたものを2次元・境界付き多様体の境界といいます。作り方からわかるように2次元・境界付き多様体の境界は1次元多様体です。閉円板を考えてみてください。境界はS^1です。

2次元境界付き多様体というと、境界が2次元だといっているように見えかねないので、本書では、「2次元・境界付き多様体」と「・」を付けたり、「境界付き2次元多様体」ということが多いです。開円板のときと同じく、今回も曲げ伸ばしはしてもよいです。

各点のまわりが開円板または図11.1のようなものになっているという定義ですから、今まで多様体といっていたものも境界付き多様体の一種です。なので、$\mathbb{R}^2$や開円板や球面も、2次元・境界付き多様体の例です。

ただし、今まで多様体といっていたものは、「"境界が空集合である"境界付き多様体」です。集合というのはものの集まり、空集合というのは何も含まない集合です。言葉の綾のようなものなので、さほど気にしなくても大丈夫です。

今まで多様体といっていたものは、気持ちをいえば、"境界のない"多様体です。しかし、本当に言葉の綾ですが、今まで多様体と言っていたものには、空集合という境界があるということです。なので、今後、今まで多様体といっていたものを、特に強調したいときは、

多様体（境界＝ϕ）

と呼ぶことにします。ϕは空集合を表す記号です。また、境

界付き多様体であって、『「今まで多様体といっていたもの」
でない』ことを強調したいときは、

　　境界（≠φ）付き多様体

と呼ぶことにします。

　多様体とだけいえば、今まで多様体といっていたもののこ
ととします。

　多様体は、英語ではmanifoldです。境界付き多様体は英
語ではmanifold with boundaryです。ちなみに、複数形は
manifolds with boundaryです（boundaryは単数形のまま）。
「多様体（境界＝φ）」は、英語のmanifold with vacuous
boundaryに対応するものです。「境界（≠φ）付き多様体」
は英語のmanifold with non-vacuous boundaryに対応するも
のです。

　数学では、ある文言をいったときに、一つの意味になるよ
うに用語の定義を厳密にします。なので、こういうことがと
きどき起こります。が、こういうところは、必要なことでは
あるが、数学の本質的な部分ではありませんので変に拘泥な
されませぬように。前後の文脈からわかるときは省略するこ
ともありますし。

　ところで、図1.2などの円板の絵で、「『境界のある』円板
は閉円板といいます」といったときには、中学、高校で言っ
ていた意味です。今後も、本書のこの類いの言い回しは文章
の前後から読みとってください。言葉の綾ですが、開円板に
も空集合という境界はあるわけですので。

　本書では、「多様体」という用語以外の用語（線分、円板
など）の場合は、「境界がある」は「空集合ではない境界が
ある」の意味で使います。本書では、境界付曲面と言えば、

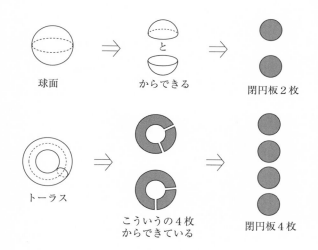

球面　　　　　　からできる　　　　　　閉円板2枚

トーラス　　　こういうの4枚　　　　　閉円板4枚
　　　　　　　からできている

図11.2　2次元閉多様体の例

中学、高校で言っていた意味のものとします。

　2次元多様体（境界＝φ）であって閉円板有限個に分割できるものを2次元閉多様体といいます。例は球面やトーラスです。分割した後、曲げ伸ばしして閉円板になるのでOKです（図11.2）。

　ところで、閉円板をD^2とかB^2と表すことがあります。discのD、ballのB、2次元の2が由来です。なお、開円板をD^2とかB^2とは書きません。開円板と閉円板は区別して使っていますのでご留意のほどを。

　$\mathbb{R}^2$は、多様体（境界＝φ）ですが、閉円板有限個に分割できないことが知られています（ところで閉円板無限個に分割

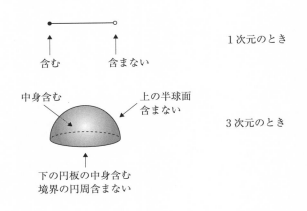

1次元のとき

含む　　含まない

中身含む　　上の半球面
　　　　　　含まない

3次元のとき

下の円板の中身含む
境界の円周含まない

図11.3　1次元、3次元・境界付き多様体に関して

はできます。たとえばxy座標を使って無限個の格子に分けるとできます）。開円板は、多様体（境界＝ϕ）ですが閉円板有限個に分割できないことが知られています（このあたりは、位相空間論という分野で「コンパクト」という概念のあたりを学べばわかります。コンパクトは数学用語です）。

また、図11.1は2次元・境界（$\neq \phi$）付き多様体であって、閉円板有限個に分割できないものです。

閉円板は境界（$\neq \phi$）付き多様体です。閉円板は閉多様体ではありません。これも言葉の綾ですのでお気になさらぬよう。英語でもclosed disc, closed manifoldと、どちらもclosedを使います。

　他の次元でも、閉多様体、境界付き多様体が同様に定義できます。

　1次元・境界付き多様体は、各点のまわりが開区間か図11.3の上の図のようになっているものです。

　3次元・境界付き多様体は、各点のまわりが開球体か図11.3の下の図のようになっているものです。

　ところで、境界のある球体はxyz空間$\mathbb{R}^3$の中の

$$\{(x, y, z) \mid x^2 + y^2 + z^2 \leqq 1\}$$

と表される図形を平行移動したり、大きくしたり、小さくしたりしたものです。境界のある球体を3次元閉球体B^3ともいいます。これを曲げたり伸ばしたりした図形も、3次元閉球体B^3といいます。ballのB、3次元の3が由来です。2次元閉円板をB^2、D^2といったので3次元閉球体をD^3ということもときどきありますが、本書では使いません。まあ、そのときは、一言書いておけばよいだけのことです。

　$\mathbb{R}^3$の中に入っていなくても、3次元閉球体B^3といいます。3次元多様体（境界$= \phi$）であって3次元閉球体B^3有限個に分割できるものを3次元閉多様体といいます。S^3や$S^1 \times S^2$やT^3はその例です。

　nを自然数ならば、なんでもよいとします。n次元・境界付き多様体は各点のまわりがn次元開球体か

$$\{(x_1, \cdots, x_n) \mid x_1^2 + \cdots + x_n^2 < 1, x_n \geqq 0\}$$

（注意：　$x_1^2 + \cdots + x_{n-1}^2 = 1, x_n = 0$は含まれません）

となっているものです。境界付きn次元多様体の境界は$(n-1)$次元多様体（閉多様体とは限りません）か空集合です。

$x_1 \cdots x_n$ 空間 $\mathbb{R}^n$ の中の

$$\{(x_1, \cdots, x_n) \mid x_1{}^2 + \cdots + x_n{}^2 \leqq 1\}$$

と表される図形を n 次元閉球体 B^n といいます。これを曲げたり伸ばしたりした図形も、n 次元閉球体 B^n といいます。$\mathbb{R}^n$ の中に入っていなくても、n 次元閉球体 B^n といいます。

n 次元多様体（境界 $= \phi$）であって、閉球体 B^n 有限個に分かれるものを n 次元閉多様体といいます。

第1章、第4章で問うた「問1.2の $\mathbb{R}^3$、S^3 以外の解をいえ」に対しては、S^3 以外の閉多様体を何かいえば、解答のひとつだったということです。問1.2については、第19章の最後の方でもう少し詳しいことを話します。

$\mathbb{R}^n$ は多様体（境界 $= \phi$）です（閉多様体ではない）。

$\mathbb{R}^2 - 1$ 点は、多様体（境界 $= \phi$）です（閉多様体ではない）。

中身の詰まったドーナツ（トーラス）をソリッド・トーラスといいます。ソリッド・トーラスは境界（$\neq \phi$）付き多様体です。ソリッド・トーラスから境界（トーラス）を除いたものは、多様体（境界 $= \phi$）です。

第3章で出てきた、「中身の詰まった4次元立方体」は境界付き4次元多様体です。4次元立方体の名前に4次元と入っている理由のひとつです。

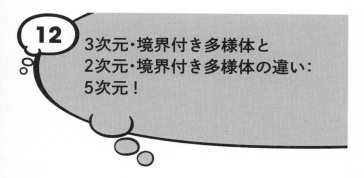

12 3次元・境界付き多様体と
2次元・境界付き多様体の違い:
5次元!

先ほどの図11.2では、2次元・境界付き多様体を分解して
閉円板複数個にしました。逆に、以下のようなこともできま
す（境界付き多様体は、多様体（境界＝φ）の場合もあるこ
とをお忘れなく）。

図12.1をご覧ください。閉円板を貼っていって新しい2次
元・境界付き多様体を作っていく操作です。途中段階でも閉
円板を2次元・境界付き多様体に貼っていくことになりま
す。こういう操作を3次元・境界付き多様体でもやってみま
しょう。

その前に少し用語を準備します。円柱の側面、および、そ
れを曲げ伸ばしたもののことを、アニュラス、もしくはシリ
ンダーといいます（図12.2）。境界があるものを本書では考
えます（文献によっては境界のないものをいうこともありま
す）。

図12.3を見てください。中身の詰まったドーナツ（ソリッ
ド・トーラス）を用意します。境界のあるものを考えていま
す。その境界にある濃部を見てください。アニュラス（円柱
の側面であるような帯）です。

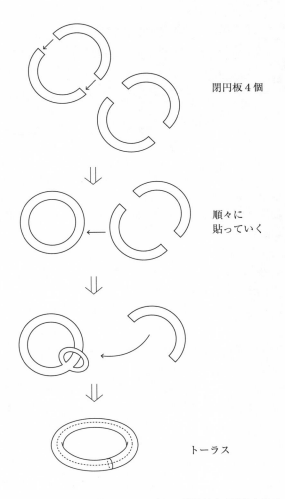

閉円板 4 個

順々に
貼っていく

トーラス

図12.1 閉円板を貼っていって 2 次元・境界付き多様体を作る

図12.2　アニュラスもしくはシリンダー

　中身の詰まった厚みのある円板を用意します。境界のある
ものを考えています。側面はアニュラスです。中身の詰まっ
た厚みのある円板であって境界のあるものを「厚みのある円
板」と言います。厚みのある円板は閉球体と実は同じもので
あることに注意してください（延ばしたり曲げたりして重ね
合せられるから）。

　これら「ソリッド・トーラス」と「厚みのある円板」を

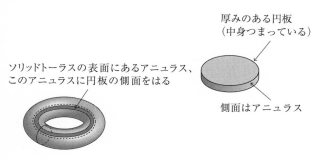

厚みのある円板
（中身つまっている）

ソリッドトーラスの表面にあるアニュラス、
このアニュラスに円板の側面をはる

側面はアニュラス

できるのは？

図12.3　厚みのある円板とソリッド・トーラス

「これらふたつのアニュラス」をぴったり合わすようにして合体させます。アニュラスの部分以外は相手に触らないとします。

　さて、どうなるでしょう。

　図12.4のように、3次元閉球体B^3ですね。接着するとき

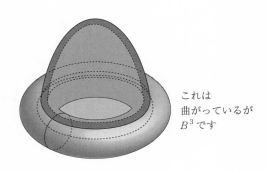

これは
曲がっているが
B^3 です

回転体の手法で描くと

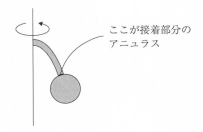

ここが接着部分の
アニュラス

図12.4　厚みのある円板とソリッド・トーラスをこのように合体させたら、3次元閉球体B^3になる

に、「厚みのある円板」を曲げてもよいです。接着部分込み
で曲げてもよいです（という立場の話を今はしています）。

図12.5を見てください。ソリッド・トーラスを用意しま
す。境界のあるものを考えています。その境界にある濃部を
見てください。アニュラスです。

厚みのある円板を用意します。側面はアニュラスです。

これらふたつのアニュラスをぴったり合わすようにして
「ソリッド・トーラス」と「厚みのある円板」を合体させま
す。アニュラスの部分以外は相手に触らないとします。

さて、どうなるでしょう。

この場合は、$\mathbb{R}^3$ の中では貼れないことが知られていま
す。しかし、$\mathbb{R}^4$ の中では貼れます。図12.6の上の図のよう
にします。$t = 0$ のところに図12.5の左のソリッド・トーラ
スを置きます。アニュラスの部分だけを $t = 0$ から $t = 1$ まで
流します。$t = 1$ のところに厚みのある円板を置きます。そ

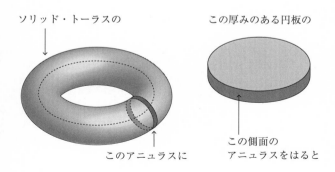

図12.5

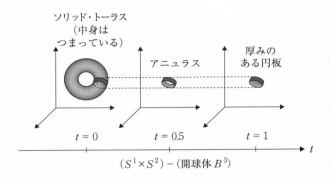

ソリッド・トーラス
（中身は
つまっている）

アニュラス

厚みの
ある円板

$t = 0$ $t = 0.5$ $t = 1$

t

$(S^1 \times S^2) - (\text{開球体 } B^3)$

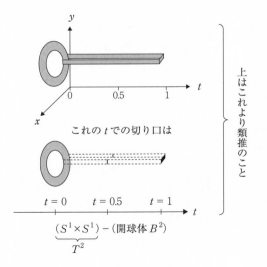

y

0 0.5 1 t

x

これの t での切り口は

$t = 0$ $t = 0.5$ $t = 1$ t

$\underbrace{(S^1 \times S^1)}_{T^2} - (\text{開球体 } B^2)$

上はこれより類推のこと

図12.6

の厚みのある円板の側面のアニュラスと $t = 0$ から流れてきたアニュラスが一致します。1個次元の低い例を下に置いてありますので、そこから類推してください。できた図形は $S^1 \times S^2$ から3次元開球体を取り除いたものになります（注意：取り除かれるものは閉球体でなく開球体です）。みなさんなら、見えますよね。

図12.6の上の図は4次元空間 $\mathbb{R}^4$ 内の概念的な図ですが、図12.6の下の図は3次元空間 $\mathbb{R}^3$ 内の図です。

図12.6の下の図は「トーラス $T^2 = S^1 \times S^1$ から開円板を取り除いた図形」です。図12.6の上の図は下の図のアナロジーです。

図12.6の上の図は『境界付き多様体「$(S^1 \times S^2) - (3$次元開球体$)$」』です。その境界は2次元球面 S^2 です。

図12.7も見てください。図12.7の上の絵は、「図12.6の上の絵」＝「図12.5の境界付き3次元多様体」＝「$(S^1 \times S^2) - (3$次元開球体$)$」、の境界が S^2 だと説明しています。$\mathbb{R}^4$ に描かれています。下の絵は上の絵の1つ次元の低いアナロジーです。$\mathbb{R}^3$ 内の図です。「図12.6の下の絵」＝「$(S^1 \times S^1) - $ 開円板」、の境界が S^1 だと説明しています。下の図から上の図を類推してください。

$\mathbb{R}^3$ の中では貼れない理由は図5.5で紹介した S^2 と S^1 の交点が1個になる話とほぼ同様にできます。

図12.8を見てください。ソリッド・トーラスを用意します。その境界にある濃部を見てください。ねじれていますが、実は、アニュラスです。図12.9のように、たしかにアニュラスです。図12.9は、この濃部の $\mathbb{R}^4$ の中での移動を描いています。$\mathbb{R}^3$ の中では違って見える2つの図形が $\mathbb{R}^4$ の中と

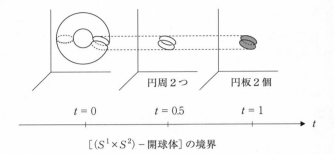

円周2つ   円板2個

$t = 0$ $t = 0.5$ $t = 1$

t

$[(S^1 \times S^2) -$ 開球体$]$ の境界

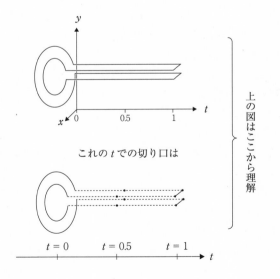

これの t での切り口は

$t = 0$ $t = 0.5$ $t = 1$

t

上の図はここから理解

図12.7

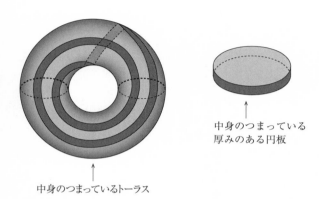

中身のつまっている
厚みのある円板

中身のつまっているトーラス

表面（トーラス）の上の

 は

（ひねられてるけど）
細いアニュラス

図12.8

思うと同じだという説明です。

　厚みのある円板を用意します。側面はアニュラスです。

　これら2つのアニュラスをぴったり合わすようにして「ソリッド・トーラス」と「厚みのある円板」を合体させることができるでしょうか？　アニュラスの部分以外は相手に触らないとします。

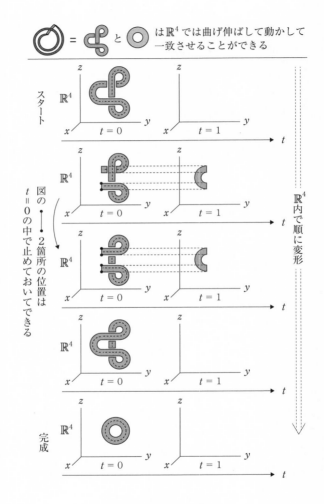

図12.9　アニュラスを $\mathbb{R}^4$ でひねる

これは、図12.8の$\mathbb{R}^3$の中ではできません。

図12.8の$\mathbb{R}^3$を$xyzu$空間$\mathbb{R}^4$の中の$u=0$のところの$\mathbb{R}^3$と思って、この$\mathbb{R}^4$の中でやろうとしてもできません。——（*）

図12.8の$\mathbb{R}^3$を$txyuv$空間$\mathbb{R}^5$の中の$u=v=0$のところの$\mathbb{R}^3$と思ったら、この$\mathbb{R}^5$の中でならできます。

できあがった図形は$\mathbb{R}^5$の中に埋め込まれています。

一応概要だけ説明します。図12.9を$\mathbb{R}^4 \times \mathbb{R}$だと思います。「スタート」の所にソリッドトーラスを置きます、濃部のアニュラスがそこのアニュラスに合うように。「完成」のところに厚みのある円板を置きます、側面のアニュラスがそこのアニュラスに合うように。すると、その図形ができます。5次元空間$\mathbb{R}^5$が空想できるか挑んでみてください。

上の（*）の操作は4次元空間$\mathbb{R}^4$の中でできませんでしたが、もしかしたら、このできあがった図形をなんとか動かしていけば4次元空間$\mathbb{R}^4$に埋め込めるかもしれないと思う人もいるかもしれませんね。たとえばこの$\mathbb{R}^5$を一回、$\mathbb{R}^{100}$とかとても大きいNの$\mathbb{R}^N$の中に入っているとみなして、その

別々の曲面の一部

ひとつの曲面になった

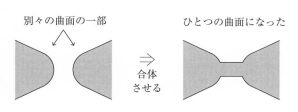

$\Rightarrow$
合体
させる

図12.10　境界連結和

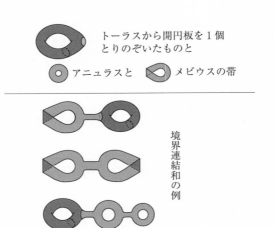

トーラスから開円板を1個
とりのぞいたものと

アニュラスと　　メビウスの帯

境界連結和の例

図12.11　境界連結和

中でなんとかねじったりぐにゃぐにゃさせてもっていくとか。しかしながら、この図形は、どうやっても4次元空間 $\mathbb{R}^4$ には埋め込めないことが知られています。

　できあがった図形は境界（$\neq \phi$）付き多様体になります。

　ところで、「2次元・境界（$\neq \phi$）付き多様体」は、次のような性質をもちます。

　その前に、メビウスの帯は、みなさんご存じでしょう。図12.11のメビウスの帯の絵を見てください。ここでは境界のあるものを考えます。

　さて、『閉円板有限個に分かれるような2次元・境界（$\neq \phi$）付き多様体であって、閉円板以外のもの』は、『アニュ

ラスとメビウスの帯と「トーラスから開円板を1個取り除いたもの」の、それぞれ何個かを境界連結和（図12.10の操作）で合体させる』と必ず作れることが知られています（図12.11）。（何個か、というのは0個でもよい。）

　境界（≠φ）付き多様体というのは、境界が空集合ではないという意味だったのを思い出してください。空集合は、なにもない、という集まりという意味だったことも思い出してください。

　2次元・境界（≠φ）付き多様体は、すべて$\mathbb{R}^3$に埋め込めます（埋め込める、というのは数学用語で、大体の意味は、自分のどの点も自分の別の点に触らないで置ける、ということでした）。これは直感的に明らかと思いますが実際、正しいことが知られています。2次元・境界（≠φ）付き多様体は、すべて次元が1つ高い3次元の3次元空間$\mathbb{R}^3$の中に埋め込めました。

　では、3次元・境界（≠φ）付き多様体は、すべて次元が1個高い4次元の4次元空間$\mathbb{R}^4$の中に埋め込めるでしょうか？

　さあ、もう答えは知っていますね。

　図12.3の境界のある3次元多様体は$\mathbb{R}^3$に埋め込めます。

　図12.6の上の境界のある3次元多様体は$\mathbb{R}^3$には埋め込めませんが$\mathbb{R}^4$には埋め込めます。

　しかし、図12.8から作られる3次元・境界（≠φ）付き多様体は3次元空間$\mathbb{R}^3$には埋め込めないばかりか、4次元空間$\mathbb{R}^4$にも埋め込めません。5次元空間$\mathbb{R}^5$には埋め込めます。3次元・境界（≠φ）付き多様体の3より1つ高い次元である4次元空間$\mathbb{R}^4$に埋め込めないこともあるわけです。

このように、次元が高くなると、不思議なことが新たにいろいろと起こってきます。

ところで、図12.8の指示で作られる境界のある3次元多様体の境界は球面です。見えますか？　よく精神集中してください。この球面に沿って3次元球体を貼ると3次元閉多様体になります。この多様体には3次元実射影空間$\mathbb{R}P^3$という名前がついています（ここでは、3次元実射影空間$\mathbb{R}P^3$、もしくは、3次元実射影空間、でひとつの名前と思っておいてください）。もちろん$\mathbb{R}P^3$は$\mathbb{R}^4$に埋め込めません。$\mathbb{R}^5$には埋め込めます。$\mathbb{R}P^3$は問1.2の解のひとつでもあります。S^3は$\mathbb{R}^4$に埋め込めますので$\mathbb{R}P^3$とS^3は違うものです。

なので、図12.8の指示で作られる境界のある3次元多様体は、『「3次元実射影空間$\mathbb{R}P^3$」から3次元開球体を取り除いたもの、$\mathbb{R}P^3 - (3次元開球体)$』という言い方ができます。

これが$\mathbb{R}^4$に埋め込めないことの証明は障害類（参考文献[44]）というものを使うとできます。これは「2次元実射影空間$\mathbb{R}P^2$上の非自明閉区間束の全空間」という境界付き多様体と同じものということが知られています。

3次元実射影空間$\mathbb{R}P^3$はレンズスペース$L(2,1)$という多様体と同じものということも知られています。

3次元実射影空間$\mathbb{R}P^3$、2次元実射影空間$\mathbb{R}P^2$というものについては、第23章で少し説明します。

13 地球上の風: 我々が多様体を考えるのは ごく当然のことであるという別の例、 ベクトル束、4次元多様体

「我々が多様体を考えるのはごく当然のことであるということ」の別の例をお話しします。

まず、用語を用意します。

境界のある多様体は、じゅうぶん大きなAに対して$\mathbb{R}^A$に埋め込めることが知られています。境界付き多様体Mと境界付き多様体Nがあったとします。直積・境界付き多様体$M \times N$を定義します。例は図13.1です。第7章で、直積多様体を定義したときの方法を思い出してください。ほとんど同じアイデアです。

Mは$\mathbb{R}^m$に、Nは$\mathbb{R}^n$に埋め込めたとします（m, nはじゅうぶん大きな整数）。

$\mathbb{R}^{m+n}$は直積多様体$\mathbb{R}^m \times \mathbb{R}^n$とみなせます。

$\mathbb{R}^{m+n}$の中に

$\{(x_1, \cdots, x_m, x_{m+1}, \cdots, x_{m+n}) \mid$

$(x_1, \cdots, x_m)$ は$\mathbb{R}^m$の中のMの中の点すべて、

$(x_{m+1}, \cdots, x_{m+n})$ は$\mathbb{R}^n$の中のNの中の点すべて$\}$

という図形が定義できます。これを直積・境界付き多様体$M \times N$と本書では呼びます。これを曲げ伸ばしして動かし

$$I = \{ x \mid 1 \leq x \leq 2 \}$$
$$J = \{ y \mid 3 \leq y \leq 4 \}$$

$$I \times J = \{ (x, y) \mid 1 \leq x \leq 2, \, 3 \leq y \leq 4 \}$$

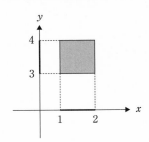

$$S^1 = \{ (x \quad y) \mid x^2 + y^2 = 1 \}$$
$$K = \{ z \mid 1 \leq z \leq 2 \}$$

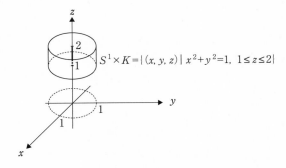

図13.1 直積・境界付き多様体の例

たものも$M \times N$と呼びます。図13.1は、その例です。多様体（境界$= \phi$）は境界付き多様体の一種だったことを思い出して気に留めておいてください。

この章の本題に入る前に、境界付き・2次元多様体の話を少しします。また、そのすぐ後で、この話の次元を上げた話をします。

さて、アニュラスは図13.2のように一部も

（中心線である円周の一部）×（線分）

ですが、アニュラス全体としても

（中心線である円周）×（線分）

という直積・境界付き多様体です。メビウスの帯は部分的には図13.2のように

（中心線である円周の一部）×（線分）

ですが、メビウスの帯全体としては

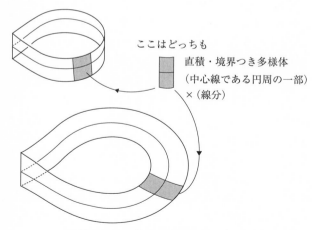

ここはどっちも
直積・境界つき多様体
（中心線である円周の一部）
×（線分）

図13.2　メビウスの帯とアニュラス

（なにかある多様体）×（線分）

という形の直積・境界付き多様体ではないです。

　これの証明のアイデアはこのような感じです。アニュラスでは中心線をずらして、ずらした後と前で交点がないようにできますが、メビウスの帯では中心線をずらしても、絶対1点は交わります。

　さて、この章の本題に入りましょう。

　大地に風が吹いているとします。無風の場合のことも考えます。自分のまわりだけ考えているなら大地をxy空間$\mathbb{R}^2$とみなせます。風速は平面ベクトル (u, v) とみなせます。風速は有限と考えてもよいでしょう。

　xy空間$\mathbb{R}^2$上で風速のベクトル (u, v) のグラフを描こうと思ったら、$\mathbb{R}^2$の各点に閉円板があるような図形に描くことになります。風の速さは有限なので$\mathbb{R}^2$全体を用意しなくても、$\mathbb{R}^2$の一部の閉円板で足ります。この図形は$\mathbb{R}^2 \times$（閉円板）という境界付き4次元多様体です。

　さて、地球全体で各点にその点での風のベクトルを対応させるグラフを描こうとしたらどこに描くことになるでしょうか。S^2の各点に閉円板があるような図形になります。S^2の各点のまわりに小さい閉円板をとれば、その上では（閉円板）×（閉円板）です。（閉円板）×（閉円板）は$\mathbb{R}^4$に埋め込めるのが、自明なことだというのはよろしいでしょう。

　さて、グラフを描くべきこの図形全体は「S^2の接ベクトル束に付随した閉円板束の全空間」という境界付き多様体になります。そして、実は、これは$\mathbb{R}^4$に埋め込めません。

　ところで、惑星の形がもしもソリッド・トーラスだったとします。表面はトーラスT^2です。T^2上で風速のベクトルの

グラフを描こうと思ったら、T^2 の各点に閉円板があるような図形になります。これは $T^2 \times$（閉円板）という直積・境界付き多様体になります。これは $\mathbb{R}^4$ に埋め込めます。

上の話で、「$\mathbb{R}^2$ の場合とトーラスの場合のふたつ」は、球面の場合と違った性質があります。$\mathbb{R}^2$ の場合とトーラスの場合は、できる図形は、（なにかある多様体）×（閉円板）という形の直積・境界付き多様体になります。球面の場合は、できる図形は（なにかある多様体）×（閉円板）という形の直積・境界付き多様体になりません。

これは、トーラス T^2 上ではすべての点で風の速さが「ゼロでない」ようなことが起こりうるが、地球表面（球面 S^2）上では必ずどこかに風のない点が少なくとも1個はある、ということに対応しています。この話は、経線と緯線がすべての点で直交しないこととも関係しています（図13.3参

小さい円周と大きい円周が
交わっている点全てで、
それら2つの円周は直交

"曲線の集まり"2つをとって
上のようにできない

例．経線、緯線は北極、南極が例外

図13.3　経線緯線

照)。

　ところで、「S^2 の接ベクトル束に付随した閉円板束の全空間」とは別に、（球面）×（閉円板）という直積・境界付き多様体もあります。これは図13.4のように $\mathbb{R}^4$ に埋め込めます。厚みのある球面を $t = 0$ から $t = 1$ まで厚みのあるまま流したものの軌跡全体です。閉円板と「中身も境界もある正方形」は同じと思えるという立場だったことを思い出してください。ちなみに、（球面）×（閉円板）の境界は $S^1 \times S^2$ です。両方の作り方を比べてみてください。

　上述のこれら複数個の例なども、日常、考えることを素朴に抽象化すると、そのとき考える図形が、それなりに複雑な多様体だったという話です。

　ところで、「S^2 の接ベクトル束に付随した閉円板束の全空間」は4次元・境界付き多様体です。境界は3次元閉多様体です。この3次元閉多様体は、実は前章に出た $\mathbb{R}P^3$ だということが知られています。

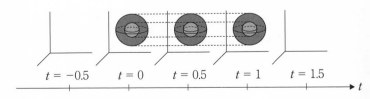

$t = -0.5 \qquad t = 0 \qquad t = 0.5 \qquad t = 1 \qquad t = 1.5$

t

図13.4　（球面）×（閉円板）

PART 4

自然界を探究するのに
多様体が必要不可欠な理由
──物理における多様体

14 平面回転、空間回転と多様体：
$SO(2)$、$SO(3)$

平面 $\mathbb{R}^2$ を x 軸に沿って平行移動するという操作を考えましょう（図14.1）。

この操作は、右にどれだけ平行移動させるかという実数を1個決めれば決まりますね（その実数が負の数なら左への移

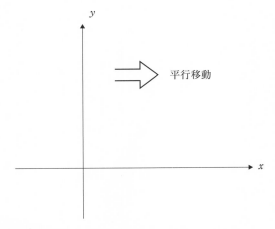

図14.1　平面 $\mathbb{R}^2$ を x 軸に沿って平行に移動する

動を表す。高校でやるようなことです)。

なので、この操作すべての集まりは、$\mathbb{R}^1$ という多様体と自然にみなせます。

「平面 $\mathbb{R}^2$ を原点を中心に回す操作」というのを考えましょう(図14.2)。

この操作すべての集まりは、なんらかの多様体と自然にみなせるでしょうか? 「平面 $\mathbb{R}^2$ を原点を中心に回す操作」は「円周 S^1 を原点を中心に回す操作」と同じです。

「平面 $\mathbb{R}^2$ を原点を中心に回す操作」というのは回転させた角度と対応するので、「平面 $\mathbb{R}^2$ を原点を中心に回す操作すべての集まり」は、円周 S^1 とみなせます。

「平面 $\mathbb{R}^2$ を原点を中心に回す操作すべての集まり」には2次特殊直交群 $SO(2)$ という名前がついています。$SO(2)$ は円周 S^1 だということです。

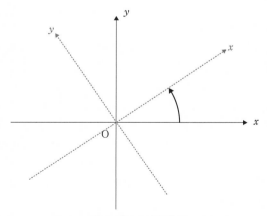

図14.2 平面 $\mathbb{R}^2$ を原点を中心に回す

$SO(2)$ はリー群というものの一種でもあります。リー群というのは多様体の一種で、リー群という括りの多様体は無限個あります。

さて、「3次元空間 $\mathbb{R}^3$ を原点を中心に回す操作すべての集まり」というのはなんらかの多様体と自然にみなせるのでしょうか？　「3次元空間 $\mathbb{R}^3$ を原点を中心に回す操作」は「原点が中心の球面を原点を中心に回す操作」と同じです。

$\mathbb{R}^2$ を原点を中心に回す場合からの類推で『「3次元空間 $\mathbb{R}^3$ を原点を中心に回す操作すべての集まり」というのは2次元球面 S^2 とみなせる』と思ってはいけません。次のように考えます。

「原点が中心の球面を原点を中心に回す操作」は、まず、球面の中心を通るある軸を決めて、そのまわりに回すというので決まります（この軸は向きが付けられています）。

図14.3を見てください。回転軸を決めるのに、大雑把な言い方ですが、自由度が2あります（"2"次元多様体である球面の上の1点を決めるから）。さらにその軸のまわりに回すので自由度があと1個あります。なので、合計で3個の自由度があります。だから、「3次元空間 $\mathbb{R}^3$ を原点を中心に回す操作すべての集まり」は2次元球面 S^2 ではないです。

はたして、「3次元空間 $\mathbb{R}^3$ を原点を中心に回す操作すべての集まり」＝「原点が中心の球面を原点を中心に回す操作すべての集まり」は、3次元多様体です。3次元特殊直交群 $SO(3)$ という名前がついています。実は、$SO(3)$ は、S^3 ではない3次元閉多様体になります。$SO(3)$ はリー群というものの一種でもあります。

この例なども、日常的に考えることの簡単な抽象化が多様

体だったという例です。

　もう少し詳しく見ましょう。まず$\mathbb{R}^2$の原点が中心の回転の場合、$(1, 0)$ がどこに移るかを決めれば $(0, 1)$ がどこに移るかも自動的に決まり、回転も決まります。

　$(1, 0)$ の移る先を (x, y) とすると、移った後もこのベクトルの長さは1なので

$$x^2 + y^2 = 1$$

を満たします。逆に

$$x^2 + y^2 = 1$$

を満たす (x, y) には $(1, 0)$ は移れます。xy空間$\mathbb{R}^2$内で

$$x^2 + y^2 = 1$$

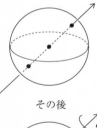

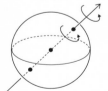

その後

まず回転軸を決める。これは
"2"次元多様体である S^2

上の①点を

決めると決まるので"自由度" 2

その軸の回りに回す角度ぶんの
自由度が1

合計で自由度3

図14.3　2次元球面S^2の回転の決め方は"自由度"が3

を満たす点の集まりは何だったでしょう。円周ですね。だから $SO(2)$ は円です。

次は $SO(3)$ について。まず、$\mathbb{R}^3$ の原点が中心の回転の場合、$(1, 0, 0)$ と $(0, 1, 0)$ がどこに移るかを決めれば $(0, 0, 1)$ がどこに移るかも自動的に決まり回転も決まります。

$(1, 0, 0)$ は (a, b, c) に移り、$(0, 1, 0)$ は (d, e, f) に移るとしましょう。すると $(1, 0, 0)$ も $(0, 1, 0)$ も、移った後も長さは1なので

$$a^2 + b^2 + c^2 = 1$$
$$d^2 + e^2 + f^2 = 1$$

です。

$(1, 0, 0)$ と $(0, 1, 0)$ は、移った後も垂直なので内積が0です。よって

$$a \cdot d + b \cdot e + c \cdot f = 0$$

逆に

$$a^2 + b^2 + c^2 = 1$$
$$d^2 + e^2 + f^2 = 1$$
$$a \cdot d + b \cdot e + c \cdot f = 0$$

を満たす (a, b, c) と (d, e, f) は原点が中心の球面を原点を中心に回す操作をひとつ決めます。

さて、このような図形は6次元空間 $\mathbb{R}^6$ の中の

$$\{(a, b, c, d, e, f) \mid a^2 + b^2 + c^2 = 1, d^2 + e^2 + f^2 = 1,$$
$$a \cdot d + b \cdot e + c \cdot f = 0\}$$

という3次元多様体になります。

これは多様体 $SO(3)$ を式で表すひとつの方法です。

ちなみに、多様体 $SO(3)$ は実は先ほど出た $\mathbb{R}P^3$ と同じものです。

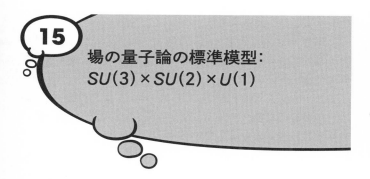

15

場の量子論の標準模型: $SU(3) \times SU(2) \times U(1)$

　地球上の実験や地球周辺の宇宙での実験をやっている限りは、我々の住んでいるところは、たて、よこ、高さ、時間で記述できるとみなせます。すなわち、

　　（たて、よこ、高さで決まる3次元空間 $\mathbb{R}^3$）×

　　（時間で決まる1次元空間 $\mathbb{R}^1$）

とみなせる4次元空間 $\mathbb{R}^4$ です。この4次元空間 $\mathbb{R}^4$ を4次元時空ともいいます。時間の時と空間の空で時空です。

　こうみなしたときでも、たとえば、電場と磁場を考えると4次元時空の各点に6次元空間を考えることになります。この6次元は実際に動いていって行けるというのではなくて、数学的記述に出てくるということです。しかし、各時刻各点での電磁場のグラフを描こうとしたら10次元空間 $\mathbb{R}^{10}$ に描くことになります。まずは、その意味で高次元が必要なのです。

　さらに、この自然界を記述する理論に（場の量子論の）標準模型というのがあります。地球や、その周辺の宇宙での素粒子の物理現象を記述するには、かなりよい近似を与えています。現在、我々が素粒子の実験をするぶんには、実験結果

をじゅうぶん予測します。

　上述の通り、この世を空間3次元＋時間1次元の4次元空間と思っているのですが、物理量を特定するのに高次元ベクトル空間を使います。

　また、すごく大雑把な言い方になりますが、（場の量子論の）標準模型は$SU(3) \times SU(2) \times U(1)$　対称性という一種の対称性というものをもっています。ここに出てくる$U(1)$は1次ユニタリ群といって、リー群というものの一種です。実はS^1です。$SU(2)$は2次特殊ユニタリ群といって、リー群の一種です。実はS^3です。$SU(3)$は3次特殊ユニタリ群といって、リー群の一種です。これは、8次元球面ではない8次元閉多様体です。

　$SU(3) \times SU(2) \times U(1)$はこれら3個の直積多様体であって、リー群の一種でもあります。これは12次元多様体です。このように、我々の自然界を調べるのに高次元多様体は避けうべからざるものなのです。

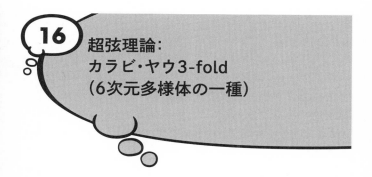

16 超弦理論:
カラビ・ヤウ3-fold
（6次元多様体の一種）

　前章で、地球やその周辺で宇宙での素粒子の物理現象を記述するには、この世は時間を入れて4次元空間 $\mathbb{R}^4$ と考えると、非常によい精度の理論が構築されていますという話をしました。しかし、宇宙ができたころのビッグバンや、現在のあたりでもブラックホールのそばのような高エネルギーの場所を考えると、それだけでは記述できないのではないかと思われています。そして、そういう場所の現象を説明できそうな理論の候補のひとつが超弦理論です。

　超弦理論では、この世そのものが実は10次元空間 $\mathbb{R}^{10}$ か10次元多様体ではないかといわれています（前章の話では、この世そのものは4次元空間 $\mathbb{R}^4$ でした）。この場合、この10次元空間は10次元時空ともいいます。この10次元多様体を10次元時空多様体ということも稀にあります。まあ、言葉の綾です。

　さて、なぜ、我々は10次元に住んでいるのに気づかないのか、大雑把に説明します。我々のまわりは、（たて、よこ、高さ、時間の4次元時空）×（6次元多様体）となっています。4次元時空の各点に6次元多様体がある感じです。そ

して、この6次元多様体の大きさが人間に測れないくらいごく小さいので、体感としては、4次元時空と感じるのです。

この6次元多様体は、カラビ・ヤウ3-foldという種類のもので、その6次元多様体の性質が物質の基本構成単位である超弦の性質を決めると考えられています（カラビ・ヤウ3-foldという括りの多様体は、無限個あります）。

カラビもヤウも数学者の名前です。ヤウはフィールズ賞受賞者です。

さて、また、すごく大雑把な言い方ですが、多様体の形が超弦の性質を決めるというしくみを一応話します。物体が重力を受けて曲がります。これは、実は我々の住んでいる空間が曲がっているからです。重力は「空間が曲がっている」としたらうまく説明がつきます。アインシュタインは一般相対性理論でそういうことを言いました。

ところで、超弦理論では重力は波でもあるが物質の一種でもあります。ということは、空間の曲がりが重力という物質の性質を決めることになります。実際には、これよりももっとすごいことがいろいろあって、カラビ・ヤウ3-foldという6次元多様体の形（曲がり方とか）が超弦の性質（物質の性質）を決めます。乱暴なまでに省いた説明ですので、あくまで雰囲気だけ感じておいてください。

また、超弦理論のバリエーションはいろいろあります。10次元より11次元の方が正しいのではないかとか、カラビ・ヤウ3-foldをもう少し別な多様体にしようかとか、いろいろと理論の構成が試行錯誤されています。また、この本の最初の方の話も合わせると、超弦理論でも前述の4次元時空のところが、実はなにか$\mathbb{R}^4$でない多様体かもしれません。ま

だ、いろいろとわかっていません。ここでも、我々の自然界を調べるのに高次元多様体は避けうべからざるものといえます。しかも、ここでは、我々の住んでいる世界が実際に高次元多様体だといっているのですから。

PART 5

ポアンカレ予想は
まだ解けていない!?

2次元ポアンカレ予想

2次元多様体に関する、ある問題（問17）を考えていただきたいのですが、そのためには言葉をいくつか用意する必要

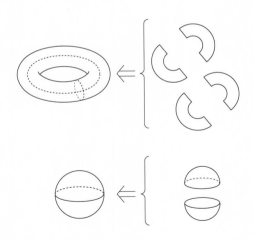

図17.1　トーラス、球面を D^2 を境界で貼っていって作る

があります。

　2次元閉多様体があったとします。2次元閉多様体とは2次元多様体（境界＝φ）であって有限個の閉円板に分けられるもののことでした（閉円板の曲げ伸ばしは可）。図11.2を思い出してください。2次元閉多様体を閉曲面とも呼びます。

　2次元閉多様体であるトーラスは、たとえば、図12.1のように2次元閉円板を曲げ伸ばしして変形してできたもの（今は中身のある長方形を曲げたもの）を境界で貼っていってできます。図17.1に、図12.1と似た図を置きました。

　2次元閉多様体である球面も、たとえば、図17.1のように2次元閉円板を曲げ伸ばしして変形してできたもの（今は曲げた閉円板）を境界で貼っていってできます。

　2次元空間$\mathbb{R}^2$や開円板は2次元多様体（境界＝φ）ですが、閉多様体ではないです。だから閉曲面ではないです。閉円板や図17.2は閉円板有限個に分けられますが、境界（≠φ）付き多様体です。閉曲面ではないです。

T^2から開円板をとりのぞいた

境界含む

図17.2　トーラスから開円板1個を取り除いてできた境界付き・2次元多様体

図17.3を見てください。S^2の方では、円周をどこに描いたとしても、その円周はその球面の上でだんだん小さくしていって1点につぶせそうですね。確かに、そうなることが知られています。証明のアイデアを大雑把にいうと、S^2の中にS^1を好きな位置に置いたとしましょう。S^1に含まれない1点をS^2から除きましょう。するとS^1は$S^2 - (1点) = \mathbb{R}^2$の中にあることになります。$\mathbb{R}^2$の中では$S^1$は1点につぶせます（正しいと知られています）。よってS^2の中でS^1を1点につぶせます（正しいと知られています）。第8章の図8.3でも同

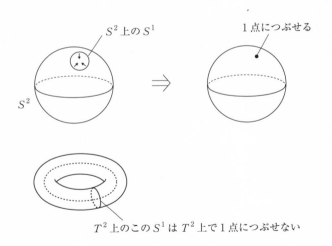

S^2上のS^1

1点につぶせる

S^2

T^2上のこのS^1はT^2上で1点につぶせない

図17.3　球面上の円周を球面上でつぶす例と、トーラス上の円周でトーラス上でつぶせないものの例

じような話をしましたね。

T^2 の方では、この円周は T^2 の表面上に沿って1点につぶせそうにないですね。実際、そうであることが知られています。

さて、次の問いを考えてください。

問17 閉曲面があったとします。その閉曲面の上に円周をひとつ描きます。円周を、どこに描いたとしても、その円周はその閉曲面の上でだんだん小さくしていって1点につぶせたと仮定しましょう。さて、この閉曲面は球面でしょうか？

注意：「閉曲面の上でだんだん小さくして」というのは閉曲面の面に沿って、という感じ。「閉曲面の中で」という言い方もします。「上で」と「中で」が同じ意味というのも変な感じですが、どちらも昔からある語法で、ちょっとした言葉の綾ですのでお気になさらずに。数学的にきちんと定義されている概念ですのでご安心を。

上述の通り、球面なら円周をどこに描いたとしても、その円周はその球面の上でだんだん小さくしていって1点につぶせます。問17は、ほかの閉曲面で、こういう性質をもつものがあるか、ということを問っているわけです。

さて、上の問17で円周がもしも必ずつぶれるなら、この閉曲面は向き付け可能閉曲面というものになることが知られています。向き付け可能閉曲面というのは、球面と、「3次元球体に図17.4のように穴を開けたもの」の表面となるもの

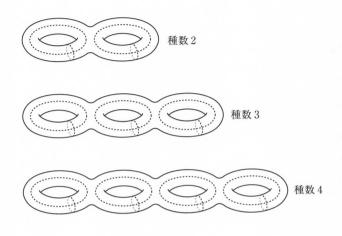

種数 2

種数 3

種数 4

図17.4　向き付け可能閉曲面のいくつか

ですべてだということが知られています。穴は有限個ならなんでもよいです。この穴の数を向き付け可能閉曲面の種数といいます。球面の種数は0とします。これは、ポアンカレ閉曲面分類定理という定理の一部から帰結することが知られています。ポアンカレは人名です。

図17.4は、図2.5と同じ図です。

向き付け不可能閉曲面というものもありますが、上の問17を考えるには上記の通り、必要ありません。

上の問17の答えは球面のみです。これも、ポアンカレ閉曲面分類定理という定理の一部から帰結することが知られて

附　記 ··

　ここで、向き付け不可能曲面の話を少しだけします。メビウスの帯は、図12.11と図13.2で出ましたね。そこでは境界のある場合を考えました。境界のないのを今は考えましょう。境界のないメビウスの帯は向き付け不可能曲面です（閉曲面ではない）。クラインの壺というのをお聞きになったことがあるでしょう。クラインの壺は向き付け不可能閉曲面です。

　向き付け不可能閉曲面には2次元実射影空間$\mathbb{R}P^2$というものもあります。3次元実射影空間$\mathbb{R}P^3$というのを第12章で紹介しました。その章の最後の方に$\mathbb{R}P^2$も少し出ましたね。$\mathbb{R}P^3$と$\mathbb{R}P^2$は別のものです。そもそも次元が違います。しかし、$\mathbb{R}P^2$の作り方を一差高次元化したものが$\mathbb{R}P^3$の作り方です。その作り方は第23章で少し触れます。

　図17.5のような操作を連結和といいます（連結和は図12.10の境界連結和とは別の操作です）。

　nをなんでもよいので自然数とします。向き付け不可能閉曲面は$\mathbb{R}P^2$をn個連結和したものすべてです。$\mathbb{R}P^2$をn個連結和したものを「種数nの向き付け不可能閉曲面」といいます。

　閉曲面は向き付け可能閉曲面と向き付け不可能閉曲面のどちらかです。そして閉曲面は「種数gの向き付け可能閉曲面」と「種数hの向き付け不可能閉曲面」のどれかになります（gは非負整数ならなんでもよい。hは自然数ならなんでもよい）。これをポアンカレの閉曲面分類定理といいます。向き付け不可能閉曲面のことを拙著『異次元への扉』（参考文献［49］）に少し書きました。（この項、「あとがき」の前の「本書関連動画の宣伝」に続く）

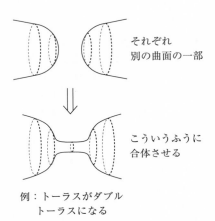

それぞれ
別の曲面の一部

こういうふうに
合体させる

例：トーラスがダブル
　　トーラスになる

図17.5　連結和

います。

　場合によっては、この問17を2次元ポアンカレ予想と言う
こともあります。こう言う由来は次章以降参照。2次元ポア
ンカレ予想の答えは肯定的だったわけです。肯定的だったと
いうのは答えがYESだったということです。

18

3次元ポアンカレ予想

次は、3次元ポアンカレ予想というものについてお話しします。ポアンカレが言いだした問題（予想）なので、ポアンカレ予想と言います。ごく初心者の方は、第17章の2次元の場合から類推しながらお読みください。

S^3 の中に S^1 を好きな位置に置いたとしましょう。S^3 の中でこの S^1 を1点につぶせます。「つぶす」というのは図8.3のあたりで言ったことです。

証明の大筋をお話しします。図18.1参照。S^1 に含まれない1点を S^3 から除きましょう。すると S^1 は $S^3 - (1点) = \mathbb{R}^3$ の中にあることになります。$\mathbb{R}^3$ の中では S^1 は1点につぶせます（正しいと知られています）。つぶすときに S^1 は自分の一部が自分の他の部分に触っても OK です。

さて、3次元ポアンカレ予想というのは次の問いのことです。

問18 3次元閉多様体があったとします。その3次元閉多様体の中に円周をひとつ描きます。円周をどこに描いたとしても、その円周はその3次元閉多様体の中でだんだ

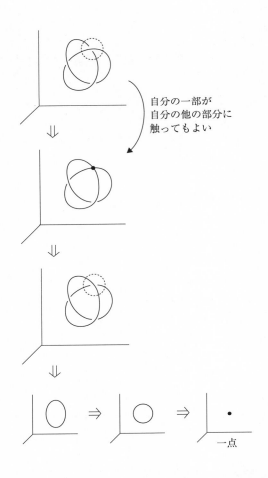

自分の一部が
自分の他の部分に
触ってもよい

一点

図18.1　いちばん上の図は$\mathbb{R}^3$の中にS^1がある。このS^1は、自分の一部が自分の他の部分に触ってもよいので$\mathbb{R}^3$の中でつぶせる

ん小さくしていって1点につぶせたと仮定しましょう。さて、この3次元閉多様体は3次元球面でしょうか？

S^3 は、3次元閉多様体でした。

3次元閉多様体の例として S^3 の他に $S^1 \times S^2$、T^3、$\mathbb{R}P^3$ などを今までに紹介しました。

3次元閉多様体というのは3次元多様体（境界 $= \phi$）であって閉球体有限個に分割できるものです。S^3、$S^1 \times S^2$、T^3、$\mathbb{R}P^3$ がそうなるというのはそれらの説明のときに描いた絵からわかりますね。

Σ_g を種数 g の向き付け可能閉曲面とします。直積多様体 $\Sigma_g \times S^1$ も3次元閉多様体です（g は自然数ならば、なんでもよい）。7章の最後の方で話しましたね。これらですでに、3次元閉多様体の無限種類の例を挙げたことになりますが、この他にも無限個あることが知られています。

「3次元閉多様体が無限個あるのなら、では、どのようなものがあるのだろう？」と考えるのはごく自然ですね。そして、それを考えるとしたら「3次元閉多様体で（気分的に言って）いちばん簡単そうな S^3 はどのような性質で特徴づけられるだろうか？」ということを最初に考えるわけです。それが問18です。

ところで、3次元閉多様体の中で、どのように S^1 を置いてもその S^1 が1点につぶせるのなら、その3次元閉多様体は向き付け可能3次元閉多様体というものであることが知られています。

ただし、以下に注意してください。すべての「向き付け可能3次元閉多様体」が、「どのように S^1 を置いても1点につ

ぶせる」という性質をもつわけではありません。

　実際 $S^1 \times S^2$ は向き付け可能3次元閉多様体ですが、図5.5で示した S^1 は $S^1 \times S^2$ の中で1点につぶせないことが知られています。

　また、T^3 も向き付け可能3次元閉多様体ですが、図6.8で示した S^1 は T^3 の中で1点につぶせないことが知られています。

　$\mathbb{R}P^3$ も向き付け可能3次元閉多様体ですが、その中に1点に潰せない S^1 を置けることが知られています。

　向き付け不可能3次元閉多様体というものもありますが、上の問18を考えるには上記の通り、必要ありません。

　たとえば、（クラインの壺）$\times S^1$ という直積多様体は、向き付け不可能3次元閉多様体です。向き付け不可能な3次元閉多様体も無限個あります。

　さて、向き付け可能3次元閉多様体無限個の、すべてを作る方法を紹介します。

　2次元多様体（境界 $=\phi$）も、2次元・境界（$\neq\phi$）付き多様体も、2次元閉球体を曲げ伸ばししたものをべたべた貼っていって作れました。2次元閉球体が無限個要る場合もありましたが。

　3次元多様体（境界 $=\phi$）も、3次元・境界（$\neq\phi$）付き多様体も、3次元閉球体を曲げ伸ばししたものをべたべた貼っていって作れます。3次元閉球体が無限個要る場合もありますが。

　向き付け可能な3次元閉多様体は、以下のように、3次元閉球体有限個から作れます。第12章でやったことが、その

例です。そのやりかたを一般化します。

　gを自然数としましょう。3次元球体に穴をg個開けた図形を用意します。これは3次元閉球体有限個から作れます。図18.2。これは3次元・境界付き多様体です。境界は2次元閉多様体です。この2次元閉多様体をΣ_gと呼びましょう。Σ_g上に円周をg個とります。それぞれの円周を中心線とするアニュラスをとります。図18.2の下2個。

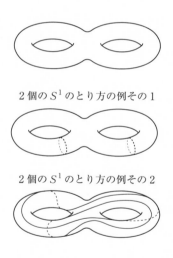

2個のS^1のとり方の例その1

2個のS^1のとり方の例その2

図18.2　Σ_g上に円周をg個とる。$g = 2$の場合の例

　厚みのある円板をg個用意します。おのおのの「厚みのある円板」の側面であるアニュラスをΣ_g上の各アニュラスに沿って貼ります（高次元空間$\mathbb{R}^N$の中で貼ったと思いたけれ

ば、そう思っても大丈夫です。どこの中にあるとかを考えずに"抽象的に"貼ったと思ってもよいです）。すると新たに3次元・境界付き多様体Aが得られます。

第12章の方法を思い出してください。

Σ_g上の円周g個をうまくとるとAの境界が球面になります。どのgに対しても、そのような円周のとり方が無限個あります。3次元閉球体B^3を用意します。この球面に沿って、3次元閉球体B^3の境界、S^2、をAに貼ります。すると3次元閉多様体Mが得られます。

gをいろいろ動かし、g個のS^1のとり方もいろいろ変えてMを作ります。この方法で、向き付け可能3次元閉多様体はすべて作られます。

上の問18、すなわち、3次元ポアンカレ予想は、ごく難問でしたが、ペレルマンによって答えはYESと証明されました（参考文献［41］）。後の章で解決にいたったまでの歴史を少しお話しします。

nをなんでもよいから自然数とします。さて、ポアンカレ予想というものにはn次元ポアンカレ予想というものもあります。このn次元ポアンカレ予想を一般次元ポアンカレ予想ということもあります。$n \geq 5$のものを高次元ポアンカレ予想とも言います。第20章でn次元ポアンカレ予想についてお話ししますが、その前に多様体の定義についてもう少し準備する必要があります。

19 2個の多様体が
同じか違うかの決め方

　多様体は、各点のまわりがn次元開球体の図形と定義しました。実は、この定義は位相多様体というものの定義です。

　この章では、位相多様体、PL多様体、微分多様体というものの定義の大筋をお話しします。

　$n = 1$の場合をまず説明します。各点のまわりが開区間になっている図形を1次元位相多様体といいます（今まで1次元多様体といっていたものです）。

　この定義と以下の定義は同じです（図19.1を参照しながら読んでください）。

　開区間を何個かとります（無限個でもよい）。1次元多様体はこれらの何個かを以下の性質をもつように合体させたものです：この開区間何個かの中からどれでもよいから2個をとり、I, Jと呼ぶことにします。IとJがもしも交わるなら、IとJの共通部分Xもまた開区間である、とします。すると「Iの中のX」から「Jの中のX」への対応ができます。これが1対1対応であり、さらに、この対応から得られる『「Iの中のX」から「Jの中のX」への関数α』も『「Jの中のX」

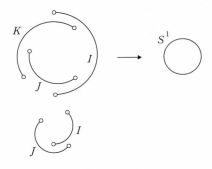

たとえば I と J は

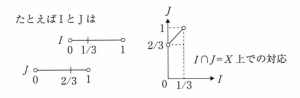

$I \cap J = X$ 上での対応

図19.1 開区間3個で円周を作った

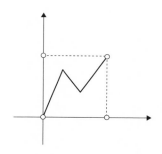

図19.2　開区間から開区間への関数が折れ線グラフになっている例

から「Iの中のX」への関数β』も連続関数になっています。

　1次元なので当たり前とか簡単とか思うでしょう。2次元以上で類推するために1次元からやっています。

　図19.2のように、開区間から開区間への関数が折れ線グラフになっているとき、その関数をPL関数といいます（piecewise linear functionと英語でいいます。piecewiseのPと、linearのLで、PLです。英語でも piecewise linear をPLと略します）。

　さて、上述の位相多様体の定義で、αもβもPL関数であれば、その多様体を1次元PL多様体といいます。定義のしかたからこのPL関数は1対1対応です。

注意：図19.2のPL関数は1対1対応ではありません（図19.3参照）。

　上述の位相多様体の定義で、αもβも微分可能関数であれば、その多様体を1次元微分多様体といいます。この微分関

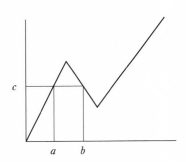

a も b も c に移るので
1対1でない

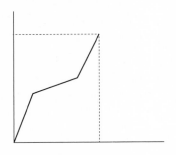

1対1になっている例

図19.3　開区間から開区間への関数が折れ線グラフになっている例。上は1対1対応ではない。下は1対1対応

数は定義のしかたから1対1対応です。

　本書では、微分可能な関数は何回でも微分できる関数を考えておけばとりあえずは大丈夫です。

「位相多様体、PL多様体、微分多様体って、結局同じ意味じゃないのか？」と思われた方も多いでしょう。

　微分多様体であれば、微分多様体を覆う開区間をとり直せば、PL多様体とみなせる。PL多様体であれば、PL多様体を覆う開区間をそのまま使って位相多様体とみなせる。というのは、みなさんなら直感的に明らかと感じると思いますが、実際そうです。

　さらに、1次元多様体の場合、位相多様体であれば、位相多様体を覆う開区間を必要ならばとり直せば、PL多様体とみなせます。PL多様体であれば、その開区間を必要ならばとり直して微分多様体とみなせます。

　$n \geq 2$の場合にも、PL多様体や微分多様体が1次元の場合を一般化して定義できます。ただ、そのためには多変数から多変数への連続写像、PL写像、微分写像というものを知らなければいけません。さらに集合論を少しやって開集合、集合の位相、写像というものを知らないといけません。これらはいずれも大学2～3年程度の内容です。写像というのはある集合Aの元に、ある集合Bの元を対応させる規則です。これをAからBへの写像といいます。これの性質についていくつか知る必要があります。

　入門書ですので詳細は触れられませんが、ごく大雑把に言うと、$n \geq 2$の場合はn次元開球体何個かをべたべた貼っていって作ります（ここの何個かは無限個でもOKです）。貼り方は1対1対応である。どちらからどちらに貼ったと思っ

ても "（n 変数の関数としての）連続、（PL、微分可能）" という条件などが付きます。

このPARTである程度紹介しますが、$n \neq 1$ では「位相多様体だけど微分多様体ではない」とか「2個の微分多様体が位相多様体としては同じだけど微分多様体としては同じではない」というようなことが本当にあります。そういう意味で、位相多様体、PL多様体、微分多様体は一般には別の概念です。

詳細は、参考文献［19, 52, 54, 55］などを見てください。

さて、念のため。開円板と開円板を貼ったって開円板にしかならないのじゃないのか？　と思う方へ。図19.4を見てく

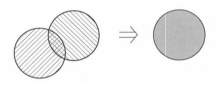

開円板と開円板では開円板にしかならないのでは？

そんなことないですよ

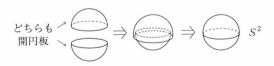

図19.4　開円板を2枚貼っただけでは開円板しかできない？　そんなことはない

ださい。

　図19.5は2次元多様体の作り方の例です。

　図19.6は開区間2個からS^1を作る作り方の例です。

　多様体を定義するときの開球体について、ひとつ注意を。図19.7を見てください。この2次元開球体（開円板）1個からこうやってトーラスを作れます（開円板と「境界のない正方形」を同じものとみなします。大雑把に言うと、引っ張ったり曲げたりして重なり合うので）。ですが、この開円板は、トーラスという多様体を定義するときに使う開円板ではありません。なぜならばこの開円板は自分のある点が自分の別の点に触っているからです。

「自分のどの点も自分の別の点に触っていない」開円板を使うと、たとえば、各点のまわりで関数やベクトルを考えるときに考えやすいのです。その開円板で関数やベクトルを考えるとよいから、です。そういう事情などから、多様体を定義するときに使う開円板は「自分のどの点も自分の別の点に触らないもの」としています。

　ふたつの多様体が同じとは、どういうふうに定義するのかを一応述べます。

　今回も1次元多様体の場合から始めましょう。すぐ下で、簡単な場合の例（図19.8）をいいますので、それも参考にしてください。ふたつの多様体A, Bがあったとします。AからBに1対1の対応fがあったとします。BからAへの逆対応をf^{-1}と呼びます。Aの中の点Pをどれでもよいので1個とります。Pを含む「（多様体を定義するのに使った）開区間」をひとつとります。fをその開区間1個の一部の上だけにう

球面は ‥‥‥ という2つの開円板の合体

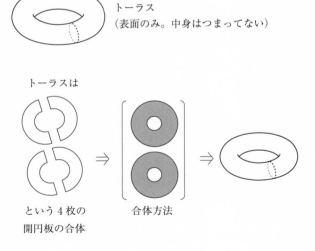

トーラス
(表面のみ。中身はつまってない)

トーラスは

という4枚の
開円板の合体

合体方法

図19.5 トーラスを開円板4枚から作る

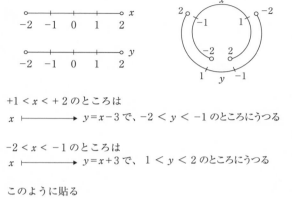

+1 < x < +2 のところは

$x \longmapsto y = x - 3$ で、$-2 < y < -1$ のところにうつる

-2 < x < -1 のところは

$x \longmapsto y = x + 3$ で、$1 < y < 2$ のところにうつる

このように貼る

図19.6 開区間2個から S^1 を作る作り方の例

まく制限して考えると、そこは f によって、B のある開区間1個の一部の上に移ります。これらの開区間には $\mathbb{R}$ の座標が描かれていますので、そこでは、その座標を使って、f とその逆対応 f^{-1} を表すことができます。その座標で見て、f も f^{-1} も連続（または PL、または微分可能）関数ならば、A と B は同相（または PL 同相、または微分同相）といいます。

簡単な場合の例をいいます（図19.8）。多様体の定義で、多様体を作る開区間は1個でも OK です。なので、開区間 $I : -1 < x < 1$ も開区間 $J : -2 < y < 2$ も1次元微分多様体（または PL 多様体、または位相多様体）です。

I から J に $y = 2x$ という微分可能関数（または PL 関数、ま

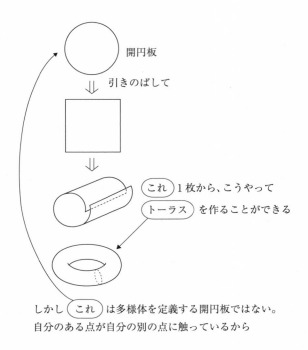

開円板

⇓ 引きのばして

これ 1枚から、こうやって
トーラス を作ることができる

しかし これ は多様体を定義する開円板ではない。
自分のある点が自分の別の点に触っているから

図19.7　この開球体（開円板）1個からトーラスを作れますが、これはト
ーラスという多様体を定義するときに使う開円板ではありません。なぜな
らば、自分の、ある点が自分の別の点に触っているから

たは連続関数）で1対1対応の関数があります。これの逆関
数$x = \dfrac{y}{2}$も微分可能関数（またはPL関数、または連続関
数）で1対1対応関数です。なのでIとJは同相かつPL同相
かつ微分同相です。その意味でIとJは同じ多様体です。

ところで、IとJは、上記の意味では同じ多様体ではありますが、長さが違いますね。これは、両者の長さの目盛りの入れ方の違いのせいですね（専門的な言い方で、距離の入れ方、計量テンソルの置き方、などということもあります）。このように長さの入れ方が違えば違うという立場で研究することもあります（参考文献 [53, 54, 56]）。

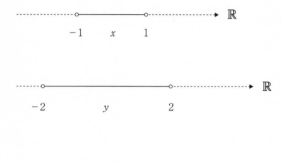

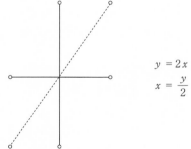

$$y = 2x$$
$$x = \frac{y}{2}$$

1 : 1 対応の "気持ち"

図19.8　$I = \{-1 < x < 1\}$と$J = \{-2 < y < 2\}$は微分同相

日常世界でも、円周がふたつあったときに半径が違うから違うとみなすこともあれば、どちらも円だから同じと扱うこともありますね。そういうことを抽象化、一般化したことです。

　2次元以上の場合も一応述べましょう。

　MとNをp次元位相多様体（または PL 多様体、または微分多様体）としましょう。MからNへ1対1の写像fがあったとします。MとNそれぞれは、p次元開球体、何個かの貼り合わせです。Mの中の点Pをどれでもよいので1個とります。Pを含む「（多様体を定義するのに使った）開球体」をひとつとります。fをその開球体1個の一部の上だけにうまく制限して考えると、そこはfによって、Nのある開球体1個の一部の上に移ります。これらの開球体には$\mathbb{R}^p$の座標が描かれていますので、そこでは、その座標を使って、fとその逆写像f^{-1}が表せます。その座標で見てfとf^{-1}が連続写像（または PL 写像、または微分写像）であるとき、MとNは同相（または PL 同相、または微分同相）であるといいます。その写像を同相写像（または PL 同相写像、または微分同相写像）といいます。

　これらも、専門用語を避けたのでやや緩い言い方になるのは止むを得ません。詳細は参考文献［19, 52, 54, 55］などを見てください。

　本書では、今まで「MとNが同相である」ということを、「MとNが同じ」「MとNが同じ図形」というような言い方をしていました。また、「MとNが同相でない」ということを、「MとNが違う」「MとNが違う図形」「MはNではない」というような言い方をしていました。

例です。$\mathbb{R}^1$ は、$\{x \mid n \leq x \leq n + 2\}$（$n$ は整数ならば、なんでもよい）という開区間無限個の貼り合わせとして多様体です（位相多様体でもあり、PL 多様体でもあり、微分多様体でもあります）。注意：$\mathbb{R}^1$ が多様体だというのは、多様体の専門書では集合論の開集合という言葉を使って、もっとすっきりいえます。

図19.9 を見てください。ふたつの微分多様体、$\{0 < x < 1\}$ と、y 空間 $\mathbb{R}$（y 軸のこと）は微分同相です。たとえば、

$$y = -\frac{1}{x} - \frac{1}{x - 1}$$

$y = -\dfrac{1}{x} - \dfrac{1}{x-1}$ （$0 < x < 1$）のグラフ

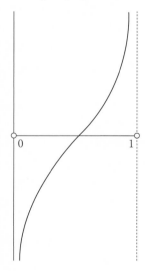

$\{0 < x < 1\}$ と $\mathbb{R}$（y 軸）は
（微分）同相であることを
示している

図19.9 　$\{0 < x < 1\}$ と $\mathbb{R}$（y 軸）は微分同相

が、｛0＜x＜1｝とℝのあいだの微分同相写像です。

　同じようにして、ℝ²は微分多様体であり、開円板と微分同相であることが示せます。ℝⁿは微分多様体でありn次元開球体と微分同相であることが示せます。

　第3章で、3次元球面と4次元立方体と「正四面体の一差高次元化」は「『ℝ⁴の中にある』と思わなくても同じものだ」と言いました。それはこれらが同相、（PL同相、微分同相）だと言う意味です。注意：4次元立方体と「正四面体の一差高次元化」は第3章の絵では角があります。が、3次元球面と微分同相です。［19, 57］などで多様体の微分同相の定義を見てみてください。

　さて、問1.2について、もう少し解説します。第4章で、こう言い直しました。

「3次元多様体があったとします。どこでもよいから好きな点から始まる曲線をすべて考えましょう。この曲線を、その3次元多様体の中で、どんどん伸ばしていきます。ずっと伸ばしていけるとしたら、さて、このような3次元多様体には、どのようなものがあるでしょうか？」

　ℝ³は解ですが、3次元開球体は解ではありません。3次元開球体だと、どこかの点からまっすぐ進んでいったらしまいには飛び出してしまいますね。だから、解ではありません。

　しかし、ℝ³と3次元開円板は微分同相という意味では同じです。

　図19.8に関してもいいましたが、これは、両者の長さの目盛りの入れ方の違いのせいですね（専門的な言い方で、距離の入れ方、計量テンソルの置き方、などということもありま

す）。このように距離の入れ方が違えば違うという立場で研究することもあります。専門的な言い方をすれば、$\mathbb{R}^3$の方の距離の入れ方は測地完備なものだが3次元開球体の方の距離の入れ方は測地完備なものではない、という言い方をします（参考文献［18, 54, 56］）。

「$\mathbb{R}^3$から3次元閉球体やソリッド・トーラスなどを有限個取り除いたもの」、「3次元多様体から3次元閉球体やソリッド・トーラスなどを有限個取り除いたもの」なども3次元多様体であり、かつ、長さの入れ方を工夫したら問1.2の解になります。

　次元を1個下げた例を書いておきます。類推してください。

　図19.10の左の絵は$\mathbb{R}^2$から閉円板を1枚取り除いたものです（ということは、S^2から閉円板を2枚取り除いたものでも

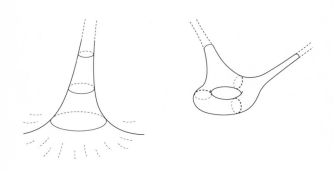

図19.10　左：$\mathbb{R}^2$から閉円板を1枚取り除いたもの。右：トーラスから閉円板を2枚取り除いたもの

あります）。図19.10の右の絵はトーラス（2次元閉曲面）から閉円板を2枚取り除いたものです。いずれも"端"の方が"無限に"伸びています。各点のまわりは開円板になっていて、どの点からどんな曲線を引いてもいくらでもどんどん伸ばせます。いずれも問1.1の解です。

　少し専門的な言い回しになって、ややこしく感じるかもしれませんが、問1.1、問1.2は厳密に言えば距離の入れ方も考慮した問題です。

　問1.2の解として、「閉多様体でない3次元多様体」であって、「多様体として（距離を考えない立場では）$\mathbb{R}^3$ に埋め込めるけれども、距離の取り方によっては、距離を保っては $\mathbb{R}^3$ に埋め込めないもの」もあります。$\mathbb{R}^3-$（1点）や　$\mathbb{R}^3-$（ソリッド・トーラス）など。

　ちなみに、3次元閉多様体であれば、どのような距離を入れても必ず解です。

　また、「閉多様体でない3次元多様体」で、どんな距離の入れ方でも $\mathbb{R}^3$ に距離を保って埋め込めない例もあります。$S^1 \times S^2-$（3次元閉球体）、$\mathbb{R}P^3-$（3次元閉球体）など。

　専門書を読む段階になったら、多様体の計量、多様体の（微分）同相類などを読んだときに、また、問1.1、問1.2を見てください。

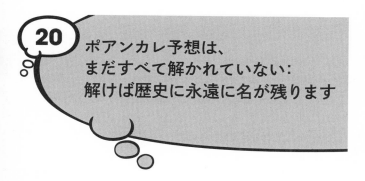

20 ポアンカレ予想は、まだすべて解かれていない:解けば歴史に永遠に名が残ります

nをなんでもよいから自然数とします。n次元球面S^nというのは第4章で定義したものです。

n次元閉多様体は無限個あることが知られています（第7章最後の方）。無限個あるのなら、では、どういうものがあるのだろう？　と考えるのはごく自然ですね。そして、それを考えるとしたらn次元閉多様体で（気分的に言って）いちばん簡単そうなS^nはどういう性質で特徴付けられるだろうか？　というのを最初に考えるわけです。

ポアンカレ予想は、各次元で次のようなものがあります。

（D）微分n次元閉多様体Mがあったとします。Mの中にp次元球面$S^p(0 \leq p < n)$をどう置いても、Mの中で連続変形で1点につぶせるとしましょう。このときMはS^nに微分同相か。

（P）PLn次元閉多様体Mがあったとします。Mの中にp次元球面$S^p(0 \leq p < n)$をどう置いても、Mの中で連続変形で1点につぶせるとしましょう。このときMはS^nにPL同相

か。

（T）位相 n 次元閉多様体 M があったとします。M の中に p 次元球面 S^p（$0 \leq p < n$）をどう置いても、M の中で連続変形で1点につぶせるとしましょう。このとき M は S^n に同相か。

「S^n を潰す」は図18.1 から類推してください。第4章の「n 次元多様体」の項で、$S^0 = 2$ 点だと言ったのも思い出してください。「S^0 が潰れる」というのは、2点を近づけていって合わせて1点にできることとします。

　簡略のため、n の場合の（D）、（P）、（T）をそれぞれ、（D, n), (P, n), (T, n) と書くことにします。
　専門的には（T, n）を位相カテゴリー n 次元ポアンカレ予想、もしくは位相圏 n 次元ポアンカレ予想、といいます。カテゴリー（category）の和訳が「圏」です。（P, n）を PL カテゴリー n 次元ポアンカレ予想、もしくは PL 圏 n 次元ポアンカレ予想、といいます。（D, n）を微分カテゴリー n 次元ポアンカレ予想、もしくは微分圏 n 次元ポアンカレ予想、といいます。（D, n), (P, n), (T, n) をまとめて一般次元ポアンカレ予想とか n 次元ポアンカレ予想といいます。このあたりの言い方は人によって微妙に違うかもしれませんが、問題の内容が同じものであることが人に伝わればそれで十分です。
　S^0 を M の中に、どう置いても潰れるという条件から M は連結です。連結は第2章の「1次元多様体」の項参照。

n次元ポアンカレ予想がどこまで解けたか話しましょう。

まず、(T, 1)、(P, 1)、(D, 1) はYESと簡単に示せることが知られています。

さらに、ポアンカレ閉曲面分類定理、ミルナー（参考文献[17]）、スマイル（同[43]）、ケルヴェアとミルナー（同[10]）、ニューマン（同[20]）、サリヴァン（同[45]）、フリードマン（同[4]）の結果と、先ほど述べたペレルマン（同[41]）の結果から、次のことがわかっています。

(D, 2)、(D, 3) はYES。(D, n)（$n \geq 5$）では答えがNOとなる次元nが無限個あります。$n = 5, 6$の場合は答えがYESになることがわかっています。

なので、n次元球面と同相だが微分同相でないn次元微分多様体がたくさんあります。これらをn次元異種球面（exotic n-sphere, exotic S^n：エキゾチック・エヌ・スフィアー、たまにエキゾチック・エス・エヌ）といいます。

(P, n)（$n \neq 4$）で答えがYES。

(T, n)（すべてのn）の答えがYES。

ミルナー、スマイル、フリードマンは、上記に引用した彼らそれぞれの論文の内容でフィールズ賞を受賞しています。フィールズ賞を授与する組織が、ペレルマンに参考文献[41]の業績でフィールズ賞を授与しようとしましたが、ペレルマンは辞退しました。

(D, n)（$n \geq 5$）では答えがNOとなる次元が無限個あるので、では、S^nと同相だが微分同相ではないものがどのくらいあるのかという自然な問題が当然あるわけです。これは上記の結果の後、ヒル、ホプキンス＆ラヴェネルの注目すべき

結果（参考文献［5］）を経てもまだわかっていないところが
残っています。

> **問20.1** エヌ（n）が5以上のエキゾチック・エヌ・ス
> フィアーをすべて挙げよ

という問題が未解決という言い方もできます。解けば、新
発見です。ぜひ、挑戦してみてください。

（P, 4）と（D, 4）は未解決です。（P, 4）と（D, 4）がYES
かNOかの答えが同じになることは知られています。

ポアンカレ予想と単にいったときは$n = 3$の場合を指すこ
とが多いです（（D, 3），（P, 3），（T, 3）の答えは同じになる
ので、（D, 3）の場合、（P, 3）の場合、（T, 3）の場合のこ
と）。単に、ポアンカレ予想が解けたというと、ペレルマン
の上記の業績のことを意味します（第18章でも述べたもの
です）。

しかし、全次元の（D）、（P）、（T）すべての場合のポア
ンカレ予想をまとめてポアンカレ予想ということも、ままあ
ります。（D, 4）の場合のポアンカレ予想と、（D, n）の$n \geqq$
5の場合のいくつかのポアンカレ予想がまだ解けていないの
で、ポアンカレ予想は、まだ解けていないということもあり
ます。

4次元微分カテゴリー・ポアンカレ予想は、

> **問20.2** 4次元異種球面（exotic 4-sphere, exotic S^4：
> エキゾチック・フォー・スフィアー、エキゾチック・エ
> ス・フォー）が存在するか

という問い方もできます。

　ぜひ、4次元微分カテゴリー・ポアンカレ予想を解いてください。解けば、フィールズ賞を受賞できるのは間違いなしです。解けば歴史に永遠に名が残ります。読者のみなさん、歴史に永遠に名を残してみませんか。

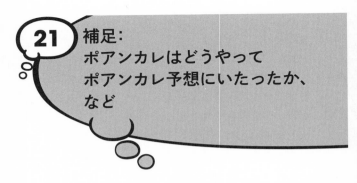

21 補足:
ポアンカレはどうやって
ポアンカレ予想にいたったか、
など

　ポアンカレは、どうやってポアンカレ予想にいたったかの
だいたいの経緯を話します。

　多様体が2つあったときに、それらが同相か、ＰＬ同相
か、微分同相か、そうでないかを調べることが、1つの自然
な研究対象でした。それらを調べるための、何らかの量とい
うか測定基準のようなものが必要になってきます。そのよう
な量の1つがホモロジー群というものです。少なくともポア
ンカレはホモロジー群を使いました（ホモロジー群のアイデ
アはそれ以前に萌芽はあったでしょうが）。

　さてポアンカレは閉曲面（2次元閉多様体）はホモロジー
群が同じであれば同相と示しました。ポアンカレ閉曲面分類
定理、もしくはそれに内包される結果です（17章で、ポア
ンカレ閉曲面分類定理について言いました）。*脚注

＊　2次元多様体、3次元多様体では次のことが知られています。微分多様体 M と N が同相なら PL
　　同相。M と N が同相なら微分同相。M と N が PL同相なら微分同相。位相多様体 E に対して、E
　　と同相な微分多様体 F が必ずある。このことより本章の2次元多様体、3次元多様体の話は位相
　　多様体、同相、のみについて話します。4次元以上では、これは違います（第19章、本章の後
　　ろの方）。

　上述のことより2次元閉多様体はホモロジー群が球面と同じなら球面と同相です。ポアンカレはこれを一差高次元化して3次元閉多様体はホモロジー群が3次元球面と同じなら3次元球面と同相である、といったん言いました。

　しかし、ポアンカレは、ホモロジー群が3次元球面と同じだが、3次元球面と同相ではない3次元閉多様体の例を見つけました。ポアンカレは基本群というものを新しく見つけました。そして、基本群が違えば同相でない、ということも発見し、その例の存在を証明しました。その例の1つが今日、ポアンカレ球面と呼ばれているものです。ポアンカレ球面は3次元閉多様体であって、ホモロジー群がS^3と同じだが、S^3と同相ではありません。基本群が違います。ポアンカレ球面は次の章で少し紹介します。

　そこで、ポアンカレは3次元閉多様体は「基本群とホモロジー群が球面と同じならば」、3次元球面と同相であるのではないか、と予想しました。

　さらに、どんな自然数nに対しても「n次元閉多様体は基本群とホモロジー群がn次元球面S^nと同じならば」、n次元球面と同相（もしくは、PL同相、微分同相）であるのではないか、と予想しました（次元を一般の自然数nの場合に拡張するくらい、ある程度、数学をわかっている人には、朝飯前のことです）。

　向き付け可能な3次元閉多様体のホモロジー群は、その基本群から決まることが知られています。$n \geq 4$のn次元閉多様体では、そうはなりません。

　また、3次元ポアンカレ予想は「3次元閉多様体Mの基本

群が球面と同じならば3次元球面か？」と同じことです。

　nを自然数ならば、なんでもよいとします。「n次元閉多様体Mの基本群およびホモロジー群が、n次元球面S^nと同じ」というのは、

「n次元閉多様体Mがn次元球面S^nにホモトピー・タイプ同値である」ということと、

「n次元閉多様体が次の性質をもつ：『Mの中にp次元球面S^p($0 \leqq p < n$) をどう置いても、Mの中で連続変形でつぶせる』」

と同じ意味だということが知られています。

　第20章では最後の言い方を使ってポアンカレ予想を述べました。ホモトピー・タイプというのも多様体の形を表すものです。

　ところで、次のことが知られています。

　レンズスペース$L(5,1)$、レンズスペース$L(5,2)$、という3次元閉多様体2個は、ホモロジー群が同じ、基本群が同じ、しかし同相でない、ホモトピー・タイプも違う。

　レンズスペース$L(7,1)$、レンズスペース$L(7,2)$、という3次元閉多様体2個は、ホモロジー群が同じ、基本群が同じ、ホモトピー・タイプが同じ、しかし同相でない。

　レンズスペース$L(2,1)$ というものは第12章で登場しました。

　4次元微分カテゴリー・ポアンカレ予想が未解決と言いました。それと関連して、2個の4次元多様体で、同相だけど

微分同相でないものがあるか、という自然な問題が考えられました（ちなみに、この問題の高次元版ももちろん考えられています。このPARTで名前を挙げた人たちの業績を調べてみてください）。

いくつか挙げると、キャペルとシャネソンが「4次元実射影空間$\mathbb{R}P^4$という4次元微分閉多様体」に同相だけど微分同相でない4次元微分閉多様体があることを発見しました（参考文献 [1]）。

次いで、ドナルドソンらが「ドルガチェフ曲面という4次元微分多様体」に同相だけど微分同相でない4次元微分多様体が無限個あることを発見しました（ドルガチェフは人名。4次元なのに曲面と言う理由は第24章参照）。また、そのあたりの結果を応用して、フリードマンらは4次元空間$\mathbb{R}^4$に同相だが微分同相でない4次元微分多様体が無限個あることを発見しました（ちなみにnを4以外の自然数とするとn次元微分多様体がn次元空間$\mathbb{R}^n$に同相なら、PL同相かつ微分同相であることが知られています）。

ドナルドソンはこのあたりの業績でフィールズ賞を取っています（[3]）。

このあたりでは、キャッソン（Casson）、ノビコフ（Novikov）、ブラウダー（Browder）、ウォール（Wall）、カービー（Kirby）、ジーベンマン（Siebenmann）、サーストン（Thurston）、ストーリングズ（Stallings）などの大発見も寄与しています。将来調べるときは、この人たちの業績も調べてください。サーストンも、この周辺の実績でフィールズ賞を受賞しています。

ところで、

問 21 4次元位相多様体であって微分構造が入るが有限個しか入らないものというのがあるかないか

ということがまだわかっていません（0個のもの、すなわち微分構造が入らないものは知られています（フリードマン）。無限個入るものも知られています（ドナルドソンら））。これも解くことができれば、フィールズ賞間違いなしです。挑んでください。

22

枠付き絡み目による
3次元多様体の表示

　向き付け可能3次元閉多様体のすべてを表す方法をもうひとつ紹介します（第18章でも大雑把にひとつ紹介しましたが）。

　以後、特に断りがなければ、多様体といえば微分多様体のこととします。

　S^3 の中に S^1 を何個か埋め込んだものを絡み目といいます。1個の場合、結び目といいます（埋め込める、というのは数学用語でした。大体の意味は、自分のどの点も自分の別の点に触らないで置ける、ということでした。ここでは、S^1 を S^3 の中にそのように置ける、の意です）。

　図22.1を見てください。$S^3 - (1点)$ は（"押し広げる"と）$\mathbb{R}^3$ でした。その1点が絡み目に含まれないようにとって、絡み目をこの $\mathbb{R}^3$ の中にあるとみなします。$\mathbb{R}^3$ の射影図である $\mathbb{R}^2$ に絡み目（の射影図）を描きます。絡み目の射影図の交点では、上下がわかるように下にある方を切って描きます。

　次に、「絡み目の各成分である結び目」にフレイミング数というものを付随させます。フレイミング数の附随した絡み

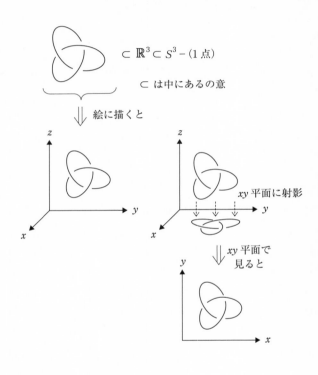

$\subset \mathbb{R}^3 \subset S^3 - (1 \text{点})$

$\subset$ は中にあるの意

絵に描くと

xy 平面に射影

xy 平面で見ると

図22.1 結び目の例

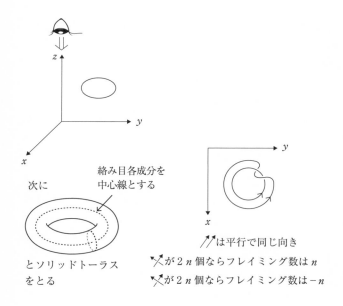

図22.2 枠付き絡み目のフレイミング数の数え方

目を枠付き絡み目と言います。

図22.2を見てください。絡み目の各成分である結び目のまわりにソリッド・トーラスを$\mathbb{R}^3$の中でとります。ソリッド・トーラスの境界のトーラス上のS^1であって、もとのS^1に平行に走っているものをとって、それも一緒に$\mathbb{R}^2$に射影します。そして図22.2のような交叉を、そこに書いてある規則で数えます。この数をフレイミング数（framing）といいます。すぐ後で使います。

さて、今度は、閉円板2個、D^2, B^2を用意しましょう。区別のためD^2, B^2とします。

境界付き・直積多様体$D^2 \times B^2$を作りましょう。これは4次元閉球体と微分同相です。見えますか。

　B^2の中心をOとしましょう。B^2の境界の円周上に1点Pをとりましょう。

　Mが境界付き多様体のとき、Mの境界を∂Mと書きます。定義から∂MはMより1個次元の低い多様体です。この規則より、D^2の境界の円周を∂D^2と書きます。

　$D^2 \times O$と$D^2 \times P$はともに閉円板で、$D^2 \times B^2$の中で交わっていないことに注意してください。

　$(\partial D^2) \times B^2$はソリッド・トーラスです。$X$と名付けましょう。

　$(\partial D^2) \times P$は、「このソリッド・トーラスXの境界であるトーラス」の中に埋め込まれた円周であることに注意してください（図22.3）。

　n成分絡み目$L = (K_1, \cdots, K_n)$を用意します。各K_iのまわりにソリッド・トーラスY_iを前述の通りとります。各K_iにフレイミング数n_iを与えます。

　フレイミング数がn_iになるように円周C_iをこのソリッド・トーラスY_iの境界上に置きます。

　さてS^3は、4次元閉球体B^4の境界のS^3だと考えます。このB^4に$D^2 \times B^2$、n個を以下のように貼ります。各$(\partial D^2) \times B^2$を$X_i$と呼びます（先ほどの$X$に順番をつけた）。

　X_iとY_iが合うように貼ります。ともにソリッド・トーラスなので合います。その際、X_iの中の円周$(\partial D^2) \times O$とY_iの中のK_iも合うように貼ります。

　X_iの中の $(\partial D^2) \times P$とY_iの中のC_iも合うようにします。この貼り方は$\mathbb{R}^3$の中ではできません。$\mathbb{R}^N$（Nは十分大きい

自然数）の中で貼ったと思ってください。もしくは、どこの中で貼ったとか考えずに"抽象的に"貼ったと思ってください。

すると4次元・境界付き多様体が得られます。その境界は3次元閉多様体です。これを3次元閉多様体の枠付き絡み目表示と言います。

Lの種類、各n_iのとり方をいろいろ変えると、いろいろな3次元閉多様体ができます。

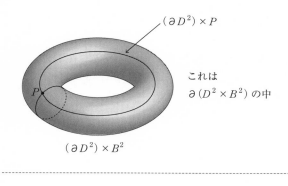

$(\partial D^2) \times P$

これは
$\partial(D^2 \times B^2)$ の中

P

$(\partial D^2) \times B^2$

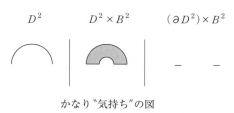

| D^2 | $D^2 \times B^2$ | $(\partial D^2) \times B^2$ |

かなり "気持ち" の図

図22.3　このソリッド・トーラスは直積・境界付き多様体$D^2 \times B^2$の境界の一部分

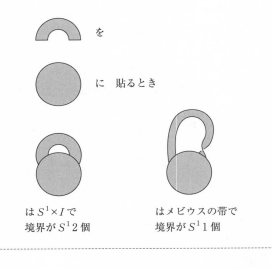

を

に　貼るとき

は $S^1 \times I$ で
境界が S^1 2 個

はメビウスの帯で
境界が S^1 1 個

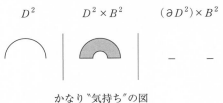

D^2　　$D^2 \times B^2$　　$(\partial D^2) \times B^2$

かなり〝気持ち〟の図

図 22.4　枠付き絡み目に沿って $D^2 \times B^2$ を貼ることの、より低い次元での類推

　この方法で、向き付け可能3次元閉多様体はすべて作ることができます。

　図22.4は次元の低い例です。ここから、なんとか類推してください。

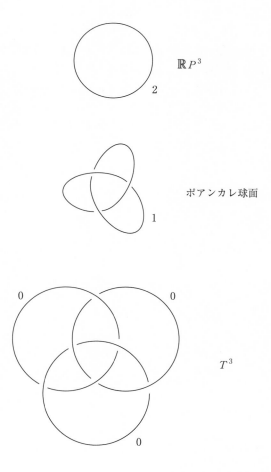

図22.5 $\mathbb{R}P^3$、ポアンカレ球面、T^3 の枠付き絡み目表示

枠付き絡み目表示の例は図22.5を見てください。3次元実射影空間$\mathbb{R}P^3$や、ポアンカレ球面や、3次元トーラスT^3の枠付き絡み目表示です。

　また、各3次元閉多様体の枠付き絡み目表示は無限個あります。詳細は参考文献［11］を参照してください。

　ところで、$\mathbb{R}P^3$や、ポアンカレ球面や、ある種のエキゾチック・スフィアーは、ブリースコーン多様体というものの例にもなっています。ブリースコーン多様体に関しては著者もカウフマンと論文を書きました（参考文献［8］）。

PART**6**

複素数と複素多様体

23

複素数と多様体

　みなさんなら、複素数は中学生の頃から知っていますね。遅くとも高校で習っていますね。どの複素数zも、適当な実数2個、x, yを用いて、$x + iy$と表せる。$x + iy$をxy座標平面上の点(x, y)に対応させることで複素数の集まりを平面とみなせる、それを複素平面と呼ぶということもご存じでしょう。これと合わせて、実数の集まりは直線とみなせるのだったということも思い出してください。

　n次元空間$\mathbb{R}^n$は、実数n個を順序付きで並べたもの$(x_1, \cdots, x_n)$すべての集まりでした。複素数n個を順序付きで並べたもの$(z_1, \cdots, z_n)$すべての集まりを複素n次元空間$\mathbb{C}^n$といいます。$\mathbb{C}^1$は複素平面です。$\mathbb{C}^1$は$\mathbb{C}$とも書きます。これに応じて、$\mathbb{R}^n$を実n次元空間ということもあります。

　n次元多様体は$\mathbb{R}^n$の一般化でした。みなさんなら、当然、類推しているとおり、$\mathbb{C}^n$の一般化に複素n次元多様体というものがあります。

　複素1次元空間$\mathbb{C}^1$は複素数のことを忘れれば実2次元空間$\mathbb{R}^2$ですね。複素n次元空間$\mathbb{C}^n$は複素数のことを忘れれば実$2n$次元空間$\mathbb{R}^{2n}$とみなせますね。複素n次元多様体は複素数

のことを忘れれば実$2n$次元多様体とみなせます。この実$2n$次元多様体をこの複素n次元多様体の下にあるといいます。

複素1次元多様体の下には実2次元多様体があります。さらに、これら実2次元多様体は向き付け可能であることが知られています。また、複素1次元多様体をリーマン面と言います。複素平面$\mathbb{C}$はリーマン面の例です。

リーマン面はリーマンが複素関数（複素数の関数）を研究していて導入しました。そのことに敬意を表し、リーマンの名を冠しています。リーマン面の導入は、歴史的に言うと、多様体が導入されたひとつのきっかけであります。

複素多様体の例の紹介を続けます。

$\mathbb{C}^{n+1}$の中で原点を通る複素平面$\mathbb{C}$というものが無限にあります。それら無限個の集まりは自然に複素n次元多様体とみなせることが知られています。この多様体を複素n次元射影空間$\mathbb{C}P^n$と呼びます。$\mathbb{C}P^n$は複素多様体なので、下に実$2n$次元多様体があります。

$\mathbb{C}P^1$の下には実は2次元球面S^2があります。$n>1$では、$\mathbb{C}P^n$の下にあるのは$2n$次元球面ではないです。

ところで、$\mathbb{C}P^n$の定義で$\mathbb{C}$を$\mathbb{R}$に変えたもの、すなわち、以下のものは実多様体を定義しています。

$\mathbb{R}^{n+1}$の中で原点を通る直線$\mathbb{R}$というものが無限にあります。それら無限個の集まりは自然に実n次元多様体とみなせることが知られています。この多様体を実n次元射影空間$\mathbb{R}P^n$と呼びます。

実は$\mathbb{R}P^1$はS^1です。$n>1$では$\mathbb{R}P^n$はS^nとは違います。

$\mathbb{R}P^2$、$\mathbb{R}P^3$は本書で今までに出てきたものです。

24
枠付き絡み目による
4次元多様体の表示

　第22章で枠付き絡み目を用いて3次元閉多様体を作りましたが、その際、4次元・境界（≠φ）付き多様体を作りましたね。

　枠付き絡み目はそういう4次元・境界付き多様体の作り方を決めているとも思えます。

　枠付き絡み目の表す4次元・境界付き多様体の境界が3次元球面になる場合もあります。そのときは、そこに4次元球体を貼ると4次元閉多様体が得られます。そして、その場合はその枠付き絡み目は、その4次元閉多様体を表しているとも考えられます。

　枠付き絡み目は、4次元向き付け可能閉多様体の重要な例、無限個を表します。ただし、すべての4次元向き付け可能閉多様体を表せません（[11] Kirby）。

　図24.1はそのような例です。

　$\mathbb{C}P^2$ の下には、図24.1の上の枠付き絡み目の表す実4次元多様体があります。

　K3曲面という複素2次元多様体の下には、図24.1の下の枠付き絡み目の表す実4次元多様体があります。K3曲面の

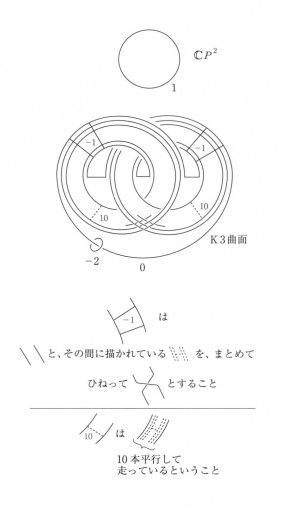

$\mathbb{C}P^2$

K3曲面

図24.1 $\mathbb{C}P^2$、K3曲面の枠付き絡み目表示。K3曲面の枠付き絡み目表示は結び目が22個。フレイミング数は1個が0。他21個は−2

K3の由来は、この図形に関して偉大な結果を残した小平、クンマー、ケーラーの3人の頭文字Kからとったものです。小平はフィールズ賞受賞者の小平邦彦です。

注意：K3曲面やドルガチェフ曲面は複素2次元多様体であり、かつ実4次元多様体とも思えます。実2次元多様体ではありません。なぜ実2次元多様体ではないのに曲面というかといいますと、まず曲面というと実2次元多様体でした。複素代数幾何という分野などでは、しばしば「実2次元多様体は曲面」の連想から複素2次元多様体（やそれと関係の深い図形）を複素曲面、代数曲面、曲面といいます。

オイラーの公式 $e^{i\cdot\theta}=\cos\theta+i\cdot\sin\theta$ を高校数学で 一応納得できる方法2つ

　複素数、複素平面が出てきましたのでそれに関連した話を ひとつします。

　本書のメイン・テーマ（（実n次元）多様体の初心者向け の紹介）からは、少し離れますが、かなりの読者の人が興味 をもっていると思う話題です。

　大学で複素数の関数を習うとオイラーの公式

$$e^{i\cdot\theta} = \cos\theta + i\cdot\sin\theta$$

というのが登場します。人によっては高校生くらいのころに 聞いたことがあるでしょう。初めて見たときは驚いた人も多 いと思います。大学数学ではこの式の正当性はきちんと与え られますが、ここでは高校数学の範囲で納得できる説明をし てみます。

$$\cos\theta + i\cdot\sin\theta$$

はeの何乗かという問いを考えてみましょう。

　$\cos\theta + i\cdot\sin\theta$は、$\theta$が実数なら虚数です。$\cos\theta + i\cdot\sin\theta$ が虚数の場合に、この問いに意味があるのかは、とりあえず 置いておきます。

答えは、形式的には

$$\log_e(\cos\theta + i \cdot \sin\theta)$$

と書けますね。これは、θ の値が変わると、それにつれて変わるものだと思ってよさそうなので $f(\theta)$ と置きましょう。そして

$$f(\theta) = \log_e(\cos\theta + i \cdot \sin\theta)$$

が、どうなるかを考えてみましょう。

$f(\theta)$ が θ で微分できると思って

$$\frac{df(\theta)}{d\theta}$$

を考えてみましょう。

さて、高校数学の復習です。$p(\theta)$, $q(\theta)$, $r(\theta)$ は実数 θ の関数で値は実数とします。さらに微分可能とします。すると以下のことが成り立ちました。

$$\frac{d}{d\theta}\log_e p(\theta) = \frac{\dfrac{dp(\theta)}{d\theta}}{p(\theta)} \quad (p(\theta) は 0 でないとする)$$

$$\frac{d}{d\theta}(q(\theta) + k \cdot r(\theta)) = \frac{dq(\theta)}{d\theta} + k \cdot \frac{dr(\theta)}{d\theta}$$

（k は実数の定数）

さて、これらの公式は θ, $p(\theta)$, $q(\theta)$, $r(\theta)$, k が複素数でも、（ある条件のもとでは）成り立つものだと信じてこれを $f(\theta) = \log_e(\cos\theta + i \cdot \sin\theta)$ に適用します。

$$\frac{d}{d\theta}f(\theta) = \frac{d}{d\theta}(\log_e(\cos\theta + i \cdot \sin\theta))$$

$$= \frac{1}{\cos\theta + i \cdot \sin\theta}\left(\frac{d(\cos\theta + i \cdot \sin\theta)}{d\theta}\right)$$

$$= \frac{1}{\cos\theta + i \cdot \sin\theta}\left(\frac{d\cos\theta}{d\theta} + i \cdot \frac{d\sin\theta}{d\theta}\right)$$

$$= \frac{-\sin\theta + i \cdot \cos\theta}{\cos\theta + i \cdot \sin\theta}$$

$$= \frac{i(i \cdot \sin\theta + \cos\theta)}{\cos\theta + i \cdot \sin\theta}$$

$$= \frac{i(\cos\theta + i \cdot \sin\theta)}{\cos\theta + i \cdot \sin\theta}$$

$$= i$$

よって

$$\frac{d(\log_e(\cos\theta + i \cdot \sin\theta))}{d\theta} = i$$

複素数の関数でも積分の公式は実数の関数と同じような感じでいけると信じて、

$$\log_e(\cos\theta + i \cdot \sin\theta) = i\theta + C$$

（ただし C は（複素数の）定数）

ここで両辺の θ に 0 を代入しましょう。

$$\log_e(\cos 0 + i \cdot \sin 0) = i \cdot 0 + C$$

よって

$$\log_e 1 = C$$

$\log_e 1 = 0$ なので、$C = 0$ です。よって

$$\log_e(\cos\theta + i \cdot \sin\theta) = i\theta$$

複素数の場合でも $\log_\alpha \beta = \gamma \Leftrightarrow \alpha^\gamma = \beta$ だと信じると

$$e^{i\theta} = \cos\theta + i \cdot \sin\theta$$

ちなみに、両辺で $\theta = \pi$ とおけば

$$e^{i\pi} = -1$$

です。これも有名ですね。

一応、納得できましたか？　一応、高校数学の公式しか使っていません。

納得できる方法をもうひとつ話します。ところで、以下の変形を見てください。

$$\frac{d}{d\theta} e^{i \cdot \theta} = i \cdot e^{i \cdot \theta}$$

$$\frac{d}{d\theta}(\cos\theta + i \cdot \sin\theta)$$
$$= -\sin\theta + i \cdot \cos\theta$$
$$= i(\cos\theta + i \cdot \sin\theta)$$

$e^{i \cdot \theta}$ も $\cos\theta + i \cdot \sin\theta$ も1回微分したら、もとのものの i 倍になります。ただ、これだけで、これら2つが等しいと思うのは「一応納得レベル」でも少し気持ち悪いですよね。

$10e^{i \cdot \theta}$ とか $7(\cos\theta + i \cdot \sin\theta)$ とか、$\cos(\theta + 3) + i \cdot \sin(\theta + 3)$、それぞれを定数倍したものも1回微分したら i 倍ですから。

ということで、もう少し納得のいく解釈を言いましょう。$y = \cos\theta + i \cdot \sin\theta$ と置きます。

$$\frac{dy}{d\theta} = iy$$

です。これから、

$$\frac{d\theta}{dy} = \frac{1}{iy} = -\frac{i}{y}$$

となります。これも一応高校数学の範囲です。またも高校の積分公式です。係数が虚数でも微積の公式は成り立つと信じて

$$\theta = (-i \cdot \log_e y) + C \qquad C は積分定数……(\#)$$

です。$\dfrac{d\theta}{dy} = -\dfrac{i}{y}$ を満たす y の関数はこれですべて尽くされる

と信じます。

$$\cos\theta + i \cdot \sin\theta$$

は $\dfrac{dy}{d\theta} = iy$ となる y のひとつなので、少し上の（#）の y に
$\cos\theta + i \cdot \sin\theta$ を代入して、C を適当にとれば

$$\theta = (-i \cdot \log_e(\cos\theta + i \cdot \sin\theta)) + C$$

となる（と信じることにします）。これを両辺を i 倍して定
数 $-iC$ を C と置き直すと、先ほどの式

$$\log_e(\cos\theta + i \cdot \sin\theta) = i\theta + C$$

と同じ式になりましたね。あとは同じです。一応オイラーの
公式になります。

　拙著『相対性理論の式を導いてみよう、そして、人に話そ
う』（参考文献［50］）と拙著『高次元空間を見る方法』（同
［51］）のそれぞれでも、オイラーの公式を一応、高校数学の
公式で納得できる方法を書きました。上記の2冊の中の方法
とこの本の方法2通りといずれも、一応、別の説明のしかた
です。

　この本の方法にもどりましょう。これらの方法も、まあ、
狐につままれたような気がするかもしれません。というの
も、オイラーの公式を不思議に思うおおもとは、指数が虚数
の場合（すなわち虚数乗）ってそもそもどういうことか、
ということでしょう。たとえば、$\sqrt{2}^{\sqrt{3}+\sqrt{5}i}$ や π^{ei} はどう定義
されるのか。定義されるとして、どうして、その定義が自然
な方法ということになったのか。ということを知らないと気
分がすっきりしないですよね。とはいえ、この章は本書のメ
インテーマを少し離れたティータイムの雑談です。これを説

明し出すと入門書を新たに一冊書く必要があります。

　実は、そこに素朴に答える本を書こうとして、かなり原稿はできています。ここに書いた方法とも上の2冊に書いた方法とも、一応別の素直な説明だと思います。ぜひ、みなさんに披露したいです。（この項、あとがきにつづく）

PART 7

結び目・絡み目と
高次元部分多様体

　多様体にはいろいろあります、数学・物理の多くの局面で
ごく自然に現れます、なので多様体にどのようなものがある
か、どのような性質があるか、が今、研究されています、と
いう話をしてきました。

　多様体の研究には、このようなものもあります。ある多様
体が別の多様体に入っているときに、その入り方がどのくら
いあるかということを調べる研究です。

　部分多様体の研究というものです。ある多様体Xの中
に、別の多様体Mが入っていたとします。MはXの部分多
様体であるといったとき、Mは、自分のどの点も自分の別の
点に触らないでX内に置かれています（部分多様体の定義
は、あといくつか数学的な条件が要りますが）。

　部分多様体の重要な例は$\mathbb{R}^3$の中の結び目、絡み目です
（第22章で導入しました）。第22章のはじめの方に書いた理
屈により、「$\mathbb{R}^3$の中の結び目、絡み目」を考えることと「S^3
の中の結び目、絡み目」を考えることとは同じです（専門的
な言い方をすると、これら両者の集合に自然な1対1対応が
ある）。$\mathbb{R}^3$の中の結び目、絡み目には、どのような種類があ

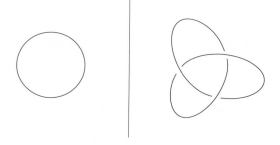

図25.1　自明な結び目と三葉結び目

るかというのはごく自然な問題です。

　図25.1を見てください。左の結び目は自明な結び目といいます。右の結び目は三葉結び目（トレフォイル・ノット）といいます。

　$\mathbb{R}^3$に置いたS^1を$\mathbb{R}^2$に正射影した図を描いています。交叉では切れて描かれている方が下を通っています。

　たとえばこのように問題をいえます。

問25　$\mathbb{R}^3$の中に2つ結び目があったとします。$\mathbb{R}^2$に射影図で（交叉では上下の情報は与えられる）与えられたとしましょう。この2つが同じか違うかをいつでも判定する方法があるでしょうか？

　大雑把に言うと、ふたつの結び目があったときに、自分の一部が自分の他の部分に触らないように、滑らかに移動して片方を片方に重なるようにもっていけたら同じということに

します。絡み目が同じ、というのも同様に定義できます。

　この方法が、まだ見つかっていません。この問題も解けばフィールズ賞まちがいなしです。歴史に永遠に名前が残ります。

　結び目のペアすべての異同を判定できなくても、無限個の結び目を判定する方法はたくさん見つかっています。その中でも最新の方法のひとつをご紹介します。

　そのためにCW複体というものを導入します。

▶CW複体

　CW複体はn次元閉球体B^nをある規則で貼っていってできる図形です（nはいろいろな自然数をとる）。

　多様体はすべてCW複体です。多様体でないCW複体はあります。図25.2は、点Pに線分を2個貼って8の字のようにしたものです。これはCW複体なのですが多様体ではありません（微分多様体でない。PL多様体でない。位相多様体でない）。「点Pのまわりは、いかなる自然数nに対してもn次元開球体ではないから。点P以外の点のまわりは1次元開球体とみなせるのに」というのが理由です。

　さて、結び目、絡み目の異同を判定するには、こうします。なんらかの判定法を見つけ、各結び目をそれで測り、それが違えば違う結び目とわかります。

　そうした判定法のひとつに、各絡み目にコバノフ・リプシッツ・サーカー・ステイブル・ホモトピー・タイプというものを対応させる方法があります。これは現在、最強のもののひとつです（参考文献 [13, 14, 15]）。

　コバノフ・リプシッツ・サーカー・ステイブル・ホモトピ

244

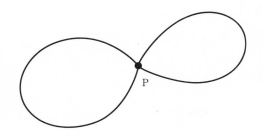

図25.2　CW複体だが多様体ではない

ー・タイプは、CW複体で表されます。高次元CW複体で表される場合が無限個あります。

　3次元空間$\mathbb{R}^3$の中の1次元絡み目を調べようとしているだけなのに（高次元多様体より複雑な）高次元CW複体が自然に出てきて必要になるのです。というわけで「自分は$\mathbb{R}^3$の中に住んでいると思っていて、それでいいのだ。高次元とか多様体とかを考える必要はない」といっても、多様体というのは高次元多様体まで含めてごく自然でごく必要なものと言わざるを得ません。ともに、高次元空間の研究に挑みましょう。ともに、高次元に入ろうではありませんか。

　コバノフ・リプシッツ・サーカー・ステイブル・ホモトピー・タイプは、場の量子論やゲージ理論や古典的代数的位相幾何など多くのことと関係しています。著者も現在研究しています。カウフマンと著者で共著［7］、カウフマンとニコノフと著者で共著［6］を書きました。その後も研究を続けて、その論文の内容を発展させているところです。

高次元絡み目同境

部分多様体の研究、結び目・絡み目の研究の中からもうひとつご紹介しましょう。結び目、絡み目がスライスであるか否かという問題について説明します。

三葉結び目（図25.1の右側）は、$\mathbb{R}^3$の中では埋め込まれた円板を貼らないことが知られています（結び目が埋め込まれた円板を貼るというのは、埋め込まれた円板があって、結び目がその境界のS^1であるということ）。このように$\mathbb{R}^3$の中では埋め込まれた円板を貼らない結び目は無限個あることが知られています。

しかし、すべての結び目Kは次の性質をもちます。「Kは$\mathbb{R}^3$の中にあります。この$\mathbb{R}^3$を$\mathbb{R}^3 \times (t$空間$\mathbb{R})$の$t = 0$のところ、とみなします（$\mathbb{R}^3 \times \{t = 0\}$とも書ける）。すると、この$\mathbb{R}^4$の中では$K$は埋め込まれた円板を貼る」（これは拙著[51]に説明を書きました。興味のある方は見てください）。

ところで、図26.1を見てください。この場合は$\mathbb{R}^4$全体を使わないで$\mathbb{R}^3 \times \{t \geqq 0\}$の中で埋め込まれた円板を貼っています。見えますか。トランス状態になって空想してください。

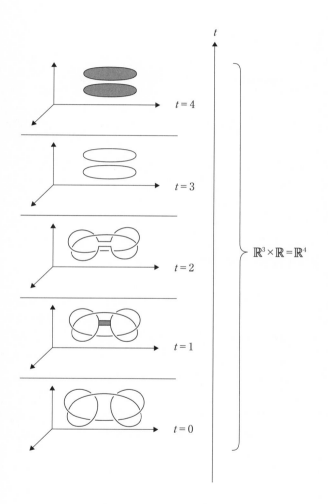

図 26.1　スライス結び目の例

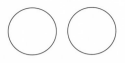

自明・2成分絡み目　　　　　　　ホップ絡み目

図26.2　自明・2成分絡み目とホップ絡み目（Hopf link、Hopfは人名）

K が、$\mathbb{R}^3 \times \{t \geq 0\}$ の中で埋め込まれた円板を貼るとき、その円板をスライス・ディスクといいます。結び目 K はスライスだといいます（参考文献［42］）。三葉結び目はスライスではないことが知られています。

問26.1　どの結び目がスライスか

これが、まだ解けていません。これも、解けば、その実績は永遠に残るでしょう。ぜひアタックしてみてください。

現在知られている部分解の中にはコバノフ・リプシッツ・サーカー・ステイブル・ホモトピー・タイプを利用して得られたものもあります［15］。

高次元多様体をはじめとする高次元の図形は、我々の住むこの3次元空間 $\mathbb{R}^3$ だけを数学的に、もしくは、物理的に研究するにしても、必然的に出てくるものでした。

ところで、また、それとは別に、「高次元の研究は高次元そのものに興味があるからするのだ」という人も結構多いです。「いかに自分は高次元の凄い図形が見えるか」と自己表

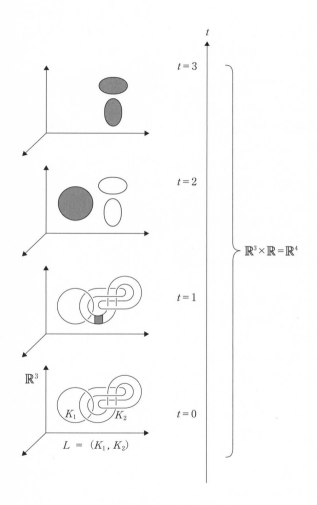

図 26.3　スライス絡み目の例

現したい人も意外に多いと思います。みなさんの中にも多いでしょう。

　以下の研究は（3次元空間$\mathbb{R}^3$の話とも関係があるとも言えますが）そういう話でもあります。

　また、低い次元の類推から始めましょう。図26.2に$\mathbb{R}^3$の中の絡み目の例を2つ示しました。

　2成分絡み目$L = \{K_1, K_2\}$が$\mathbb{R}^3$の中にあり、次の性質を満たすとします。

　「$\mathbb{R}^3$の中に2枚の2次元円板D_1^2とD_2^2が埋め込まれている。D_1^2の境界の円周がK_1、D_2^2の境界の円周がK_2だ。D_1^2とD_2^2はお互いに触らない」

　このときLは自明絡み目だと言います。自明絡み目でない絡み目は無限個あります。例えばホップ絡み目（図26.2の右側）です。

　2成分絡み目$L = \{K_1, K_2\}$が$\mathbb{R}^3 \times \{t = 0\}$の中にあるとします。すべての$L$は次の条件を満たします。

　「$\mathbb{R}^3 \times \mathbb{R}$の中に2枚の2次元円板$D_1^2$と$D_2^2$が埋め込まれている。$D_1^2$の境界の円周が$K_1$、$D_2^2$の境界の円周が$K_2$だ。$D_1^2$と$D_2^2$はお互いに触らない」

　2成分絡み目$L = \{K_1, K_2\}$が$\mathbb{R}^3 \times \{t = 0\}$の中にあり、次の性質をもつとします。

　「$\mathbb{R}^3 \times \{t \geqq 0\}$の中に2枚の2次元円板$D_1^2$と$D_2^2$が埋め込まれている。$D_1^2$の境界の円周が$K_1$、$D_2^2$の境界の円周が$K_2$だ。$D_1^2$と$D_2^2$はお互いに触らない」

　このとき、Lはスライス絡み目だと言います。ホップ絡み

目はスライス絡み目ではありません。

　図26.3は「『自明な絡み目でない』スライス絡み目」と、スライス・ディスクの例です。

　さて、S^n有限個を$\mathbb{R}^{n+2}$に埋め込んだものをn次元絡み目といいます。1個のときはn次元結び目といいます。ここでは、$n \geqq 2$のとき高次元結び目、高次元絡み目といいましょう。

　高次元結び目には非自明なものがあります。拙著［51］に一応初心者向けの説明を書きましたので見てください。

　高次元絡み目の入っている$\mathbb{R}^{n+2}$を$\mathbb{R}^{n+2} \times \{t \geqq 0\}$の$\mathbb{R}^{n+2} \times \{t = 0\}$と思うと1次元の場合を一般化してスライス結び目、スライス絡み目が定義できます。スライス・ディスクは今は$(n+1)$次元閉球体B^{n+1}です。

　2次元結び目はすべてスライスになります（参考文献Kervaire ケルヴェア［9］）。

　また、偶数次元結び目はすべてスライスになります（参考文献Kervaire［9］）。

　1より大きい奇数次元結び目についてはどの結び目がスライスかの判定法はわかっています（参考文献Levine レヴィン［12］）。1次元の場合、まだすべてわかっていない、という話は前の問26.1でしました。

　ところで、以下のことがわかっていません。

　問26.2 偶数次元絡み目はすべてスライスか？　とくに、2次元絡み目はすべてスライスか？

これも大難問です。解いて歴史に名を刻みませんか？　解いてください。

　奇数次元絡み目の場合で、問26.2に対応する問題は、Cochran and Orr コクラン、オア［2］で大躍進がありました。しかし、まだ、わかっていないことも多いです。

　問26.2について、著者は以下のことを示しました（参考文献［27］）。

　2次元絡み目の場合をいいます。まず、2次元絡み目が2成分からなるときに各成分にはスライス・ディスク（今は3次元閉球体B^3）が貼られることはわかっているわけです。それらを交わらないようにとれるかがわからないわけです。著者は、「必ずそれら2個のスライス・ディスクの交叉がS^1、1個になり、かつ、そのS^1は、それぞれのスライス・ディスクの中で、結ばれていない1次元結び目になるようにできる」ということを証明しました。他の次元の場合にも同様の結果を導きました。

　この周辺で、このような未解決問題もあります（参考文献［2］参照）。

　問26.3 (1)高次元絡み目はすべてSHB絡み目（sublink of homology boundary link）にコボルダントか？
(2)高次元絡み目はすべてSHB絡み目（sublink of homology boundary link）か？

　これらも解けば歴史に名前が残ります。
　これらの問題に関して著者は以下の問26.4を気づきました。これの答えがNOなら、問26.3（2）の2次元の場合の答

えもNOになります。問26.4にも他次元版があります（参考文献［28］参照）。

本書では、未解決の問題をいくつか紹介しましたが、上述のとおり、以下も未解決です。

問26.4 2次元絡み目 $L = (K, J)$ について
（L の μ 不変量） ＝ （K の μ 不変量）＋（J の μ 不変量） か？

これらを解くのに、あなたの人生を賭けてみませんか？

本書関連動画の宣伝

　第17章の最後の方の附記で向き付け不可能曲面の話をしました。「その例であるメビウスの帯、クラインの壺、$\mathbb{R}P^2$」および、「$\mathbb{R}P^2$の$\mathbb{R}^3$へのはめ込みであるボーイサーフェス」の解説動画を拙ウェブサイトにアップしました（ボーイは人名、はめ込みは数学用語です）。短いです。実質1分のものもあります。「おがさえいじ」か「小笠英志」、「Eiji Ogasa」で検索できます。見ていただければ感謝いたします。今後もさらに動画をアップしていく予定なので、ウェブサイトもよろしくお願いいたします。

謝辞

　本書の描図に多大な貢献をした長澤貴之（グラフィックデザイナー）に感謝します。（敬称略）

あとがき

　PART6の最後の「ティータイム」で、このような話をしました。「虚数乗（指数が虚数）はどう定義されているのか。その定義がなぜ最も自然なのか。オイラーの公式 $e^{i\theta} = \cos\theta + i\sin\theta$ とも絡めて説明」という内容の初心者向けのやさしい入門書の原稿がほぼできています。

　一日も早くみなさんに披露したいです。ご興味をお持ちの読者の方がいらっしゃったら、ぜひ、講談社ブルーバックスにリクエストしてください。

　ここまで読んでくださり、ありがとうございます。本書を読んだら、内容をまわりにいる興味を持ちそうな知り合いに話してください。まわりの人に話すと自分の理解が深まります。たとえば、このようなことを尋ねてみてください。まず必要なら、3次元多様体の定義を言います（各点のまわりが小さい $\mathbb{R}^3$）。そして、「$\mathbb{R}^3$ ではない3次元多様体を3個を挙げてください」と聞いてください（みなさんなら答えられますね）。

　2次元多様体の例を挙げろと聞かれれば $\mathbb{R}^2$ のほかに球面、トーラスなどと答えられる人は初心者でも多いのですが、3次元多様体の例を3個挙げろと言われると、言えない人が初心者にはそこそこいます。ましてや、$\mathbb{R}^3$ に入らない3次元多様体の例を挙げろと言われると。みなさんは、まずそのあたりのことを知り合いに説明してみましょう。そして、具体例を何個か挙げたら、それらが互いに違うことをどうやって示すか、説明しようとしてみてください。

　さて、多様体は山ほどあります。多様体を研究する理論も山ほどあります。ですので、本書では、かなり例を絞りました。これらも、

将来、専門書や論文で学んでいっていただきたいです。この本で引用した文献あたりから、見ていってください。多様体に関して自分自身で数学上の新発見をしたいと思った人は、ぜひ研究者になって、新発見をしてください。

また、多様体は数学や物理の多くの分野に応用があると言いました。この本をここまで読まれたのなら、物理学や宇宙論、工学への多様体の新しい応用を発見するのはあなたでしょう。

本書は初心者向けであるので、気分的な説明重視で書きました。専門書に進んだ方は、私がこの本で、どの数学的概念をどのように緩い言い方に言い換えていたのか、気づいたらほくそ笑んでください。あなたがそうしてくれると、私もうれしいです。

さてみなさんなら、もともと高次元空間に興味のある人も多いでしょうし、ここまで読まれた方ならとくに高次元多様体に興味をお持ちでしょう。

「人間にとって、高次元は絶対必須だ」と、まわりの知り合いにも話してください。みなさん、一緒にいろいろな方法で、高次元や多様体の研究を発展させていこうではありませんか。

自分のライフワークは高次元以外の研究にあるが、高次元に興味がある人たち、高次元が人類にとって大事だと思う人たちへ。このようなみなさんは、趣味で高次元を空想して楽しんだら、まわりの人たちに、高次元がいかに面白いか話してください。ご自身の理解も深まります。さらに、人類の発展のためにも、高次元の研究や多様体の研究に機会があれば資金援助してください。もしくは、まわりの知り合いに資金援助できそうな人がいたら、援助のお願いをしてください。あるいは、私の研究を資金援助してください。

参考文献

[1]   S. E. Cappell and J. L. Shaneson: Some new four-manifolds, *Annals of Mathematics* 104 (1976) 61–72.

[2]   T. D. Cochran and K. E. Orr: Not all links are concordant to boundary links, *Annals of Mathematics* 138 (1993) 519–554.

[3]   S. K. Donaldson: An application of gauge theory to four-dimensional topology, *Journal of Differential Geometry* 18 (1983) 279–315.

[4]   M. H. Freedman: The topology of four-dimensional manifolds, *Journal of Differential Geometry* 17 (1982) 357–453.

[5]   M. A. Hill, M. J. Hopkins, and D. C. Ravenel: On the non-existence of elements of Kervaire invariant one, *Annals of Mathematics* 184 (2016) 1-262.

[6]   L. H. Kauffman, I. M. Nikonov, and E. Ogasa: Khovanov-Lipshitz-Sarkar homotopy type for links in thickened higher genus surfaces, arXiv:2007.09241 [math.GT].

[7]   L. H. Kauffman and E. Ogasa: Steenrod square for virtual links toward Khovanov-Lipshitz-Sarkar stable homotopy type for virtual links, arXiv:2001.07789 [math.GT].

[8]   L. H. Kauffman and E. Ogasa: Brieskorn submanifolds, local moves on knots, and knot products, *Journal of Knot Theory and Its Ramifications* 28 (2019), https://doi.org/10.1142/S0218216519500688, arXiv:1504.01229 [math.GT].

[9]   M. A. Kervaire: Les nœudes de dimensions supérieures, *Bulletin de la Société Mathématique de France* 93 (1965) 225-271.

[10]   M. A. Kervaire and J. W. Milnor: Groups of homotopy

spheres: I, *Annals of Mathematics* 77 (1963) 504–537.

[11]   R. C. Kirby: The topology of 4-manifolds, *Lecture Notes in Mathematics* 1374, Springer-Verlag, 1989.

[12]   J. Levine: Knot cobordism groups in codimension two, *Commentarii Mathematici Helvetici* 44 (1969) 229-244.

[13]   R. Lipshitz and S. Sarkar: A Khovanov stable homotopy type, *Journal of the American Mathematical Society* 27 (2014) 983-1042, arXiv:1112.3932 [math.GT].

[14]   R. Lipshitz and S. Sarkar: A Steenrod square on Khovanov homology, arXiv:1204.5776 [math.GT].

[15]   R. Lipshitz and S. Sarkar: A refinement of Rasmussen's s-invariant, arXiv:1206.3532 [math.GT].

[16]   J. W. Milnor: *Topology from the differentiable viewpoint*, University Press of Virginia, 1965.

[17]   J. W. Milnor: On manifolds homeomorphic to the 7-sphere, *Annals of Mathematics* 64 (1956) 399–405.

[18]   J. W. Milnor: Morse theory, *Annals of Mathematics Studies* 51, Princeton University Press, 1963.

[19]   J. W. Milnor and J. D. Stasheff: Characteristic classes. *Annals of Mathematics Studies* 76, Princeton University Press, 1974.

[20]   M. H. A. Newman: The engulfing theorem for topological manifolds, *Annals of Mathematics* 84 (1966) 555–571.

[21]   E. Ogasa: The intersection of spheres in a sphere and a new geometric meaning of the Arf invariant, *Journal of Knot Theory and Its Ramifications* 11 (2002) 1211-1231, University of Tokyo preprint series UTMS 95-7, arXiv:math/0003089 [math.

GT].

[22]　E. Ogasa: Intersectional pairs of n-knots, local moves of n-knots, and their associated invariants of n-knots, *Mathematical Research Letters* 5 (1998) 577-582, University of Tokyo preprint series UTMS 95-50.

[23]　E. Ogasa: The intersection of three spheres in a sphere and a new application of the Sato-Levine invariant, *Proceedings of the American Mathematical Society* 126 (1998) 3109-3116, University of Tokyo preprint series UTMS 95-54.

[24]　E. Ogasa: Some properties of ordinary sense slice 1-links: Some answers to the problem (26) of Fox, *Proceedings of the American Mathematical Society* 126 (1998) 2175-2182, University of Tokyo preprint series UTMS 96-11.

[25]　E. Ogasa: The projections of n-knots which are not the projection of any unknotted knot, *Journal of Knot Theory and Its Ramifications* 10 (2001) 121–132, University of Tokyo preprint series UTMS 97-34, arXiv:math/0003088 [math.GT].

[26]　E. Ogasa: Singularities of the projections of n-dimensional knots, *Mathematical Proceedings of the Cambridge Philosophical Society* 126 (1999) 511-519, University of Tokyo preprint series UTMS 96-39.

[27]　E. Ogasa: Link cobordism and the intersection of slice discs, *Bulletin of the London Mathematical Society* 31 (1999) 729-736.

[28]　E. Ogasa: Ribbon-moves of 2-links preserve the μ-invariant of 2-links, *Journal of Knot Theory and Its Ramifications* 13 (2004) 669–687, University of Tokyo preprint

series UTMS 97-35, arXiv:math/0004008 [math.GT].

[29]   E. Ogasa: Local move identities for the Alexander polynomials of high-dimensional knots and inertia groups, *Journal of Knot Theory and Its Ramifications* 18 (2009) 531-545, University of Tokyo preprint series UTMS 97-63, arXiv:math/0512168 [math.GT].

[30]   E. Ogasa: Nonribbon 2-links all of whose components are trivial knots and some of whose band-sums are nonribbon knots, *Journal of Knot Theory and Its Ramifications* 10 (2001) 913–922.

[31]   E. Ogasa: n-dimensional links, their components, and their band-sums, arXiv:math/0011163 [math.GT], University of Tokyo preprint series UTMS 2000-65.

[32]   E. Ogasa: Ribbon-moves of 2-knots: the Farber-Levine pairing and the Atiyah-Patodi-Singer-Casson-Gordon-Ruberman $\bar{\eta}$-invariants of 2-knots, *Journal of Knot Theory and Its Ramifications* 16 (2007) 523-543, arXiv:math/0004007 [math.GT], University of Tokyo preprint series UTMS 2000-22, arXiv:math/0407164 [math.GT].

[33]   E. Ogasa: Supersymmetry, homology with twisted coefficients and n-dimensional knots, *International Journal of Modern Physics A* 21 (2006) 4185-4196, arXiv:hep-th/0311136.

[34]   E. Ogasa: A new invariant associated with decompositions of manifolds, arXiv:math/0512320 [math.GT], arXiv:hep-th/0401217.

[35]   E. Ogasa: A new obstruction for ribbon-moves of 2-knots: 2-knots fibred by the punctured 3-tori and 2-knots bounded by homology spheres, arXiv:1003.2473 [math.GT].

[36]   E. Ogasa: Make your Boy surface, arXiv:1303.6448 [math. GT].

[37]   E. Ogasa: Local-move-identities for the $\mathbb{Z}$ $[t,t^{1}]$-Alexander polynomials of 2-links, the alinking number, and high dimensional analogues, arXiv:1602.07775 [math.GT].

[38]   E. Ogasa: A new pair of non-cobordant surface-links which the Orr invariant, the Cochran sequence, the Sato-Levine invariant, and the alinking number cannot find, arXiv:1605.06874 [math.GT].

[39]   E. Ogasa: Ribbon-move-unknotting-number-two 2-knots, pass-move-unknotting-number-two 1-knots, and high dimensional analogue, (The "unknotting number" associated with other local moves than the crossing-change), arXiv:1612.03325 [math.GT], *Journal of Knot Theory and Its Ramifications* 27 (2018).

[40]   E. Ogasa: Introduction to high dimensional knots, arXiv:1304.6053 [math.GT].

[41]   G. Perelman: (11 November 2002) "The entropy formula for the Ricci flow and its geometric applications", arXiv:math/0211159 [math.DG].

(10 March 2003) "Ricci flow with surgery on three-manifolds", arXiv:math/0303109 [math.DG].

(17 July 2003) "Finite extinction time for the solutions to the Ricci flow on certain three-manifolds", arXiv:math/0307245 [math.DG].

[42]   D. Rolfsen: *Knots and links*, Publish or Perish, Inc., 1976.

[43]   S. Smale: Generalized Poincaré's conjecture in dimensions greater than four, *Annals of Mathematics* 74 (1961) 391–406.

The generalized Poincaré conjecture in higher dimensions, *Bulletin of the American Mathematical Society* 66 (1960) 373-375.

[44]　N. Steenrod: *The topology of fibre bundles*, Reprint of the 1957 edition, Princeton University Press, 1999.

[45]　D. Sullivan: On the Hauptvermutung for manifolds, *Bulletin of the American Mathematical Society* 73 (1967) 598-600.

[46]　H. Whitney: Differentiable manifolds, *Annals of Mathematics* 37 (1936) 645-680.

[47]　H. Whitney: The self-Intersections of a smooth n-Manifold in $2n$-space, *Annals of Mathematics* 45 (1944) 220-246.

[48]　小笠英志『4次元以上の空間が見える』ベレ出版（2006）

[49]　小笠英志『異次元への扉』日本評論社（2009）

[50]　小笠英志『相対性理論の式を導いてみよう、そして、人に話そう』ベレ出版（2011）

[51]　小笠英志『高次元空間を見る方法』講談社（2019）

[52]　小林昭七『接続の微分幾何とゲージ理論』裳華房（1989）

[53]　瀬山士郎『トポロジー：柔らかい幾何学』日本評論社（1988）

[54]　松島与三『多様体入門』裳華房（1965）

[55]　横田一郎『多様体とモース理論』現代数学社（1978）

[56]　ランダウ、リフシッツ著、恒藤敏彦、広重徹訳『場の古典論』東京図書（1978）

索 引

N.D.C.415.7　267p　18cm

ブルーバックス　B-2160

多様体とは何か
空間と次元から学ぶ現代科学の基礎概念

2021年7月20日　第1刷発行

著者	小笠英志	
発行者	鈴木章一	
発行所	株式会社講談社	
	〒112-8001 東京都文京区音羽2-12-21	
電話	出版	03-5395-3524
	販売	03-5395-4415
	業務	03-5395-3615
印刷所	（本文印刷）豊国印刷 株式会社	
	（カバー表紙印刷）信毎書籍印刷 株式会社	
製本所	株式会社国宝社	

ISBN978-4-06-523182-1

発刊のことば

科学をあなたのポケットに

　二十世紀最大の特色は、それが科学時代であるということです。科学は日に日に進歩を続け、止まるところを知りません。ひと昔前の夢物語もどんどん現実化しており、今やわれわれの生活のすべてが、科学によってゆり動かされているといっても過言ではないでしょう。

　そのような背景を考えれば、学者や学生はもちろん、産業人も、セールスマンも、ジャーナリストも、家庭の主婦も、みんなが科学を知らなければ、時代の流れに逆らうことになるでしょう。

　ブルーバックス発刊の意義と必然性はそこにあります。このシリーズは、読む人に科学的に物を考える習慣と、科学的に物を見る目を養っていただくことを最大の目標にしています。そのためには、単に原理や法則の解説に終始するのではなくて、政治や経済など、社会科学や人文科学にも関連させて、広い視野から問題を追究していきます。科学はむずかしいという先入観を改める表現と構成、それも類書にないブルーバックスの特色であると信じます。

一九六三年九月

野間省一